黄河三角洲
后备土地资源评价与优化利用研究

◎ 吴春生　著

中国农业科学技术出版社

图书在版编目（CIP）数据

黄河三角洲后备土地资源评价与优化利用研究 / 吴春生著. --北京：中国农业科学技术出版社，2023. 9
ISBN 978-7-5116-6439-6

Ⅰ. ①黄…　Ⅱ. ①吴…　Ⅲ. ①黄河-三角洲-土地资源-资源评价-研究 ②黄河-三角洲-土地资源-土地利用-研究　Ⅳ. ①F321.1

中国国家版本馆CIP数据核字（2023）第 180421 号

责任编辑　马维玲
责任校对　李向荣
责任印制　姜义伟　王思文

出 版 者　中国农业科学技术出版社
北京市中关村南大街 12 号　　邮编：100081
电　　话　（010）82109194（编辑室）　（010）82106624（发行部）
（010）82106624（读者服务部）
网　　址　https: // castp.caas.cn
经 销 者　各地新华书店
印 刷 者　北京建宏印刷有限公司
开　　本　170 mm × 240 mm　1/16
印　　张　11.25
字　　数　200 千字
版　　次　2023 年 9 月第 1 版　　2023 年 9 月第 1 次印刷
定　　价　88.00 元

前　言

后备土地资源是指依靠现有技术手段能够被开垦或复垦的具有宜林、宜农或宜草等特性的荒草地、盐碱地、沼泽、裸地及滩涂等未利用土地，也包括因各种人为因素和自然灾害造成破坏而废弃的压占地、塌陷地和自然灾害损毁地等。我国人均耕地资源量小，对后备土地资源的开发也越来越受国家和地方的重视。但现有后备土地资源开发过程中存在严重的重“量”不重“质”的现象，对区域生态环境安全造成巨大威胁。如何综合考虑土地资源禀性又兼顾生态特征与价值，进而准确识别和评价后备土地资源，是土地资源开发利用中亟待解决的科学问题。黄河三角洲是我国最后一个待开发的大河三角洲，后备土地资源量大，是我国重要的后备土地资源区，合理开发利用黄河三角洲已被提升为国家战略；但黄河三角洲成陆时间短、生态系统脆弱性高，如何在此背景下科学合理地评价黄河三角洲后备土地资源，深入理解黄河三角洲资源与环境的可持续发展关系，是开发利用黄河三角洲的必要前提。

本书以遥感数据、野外调查数据、气象和水文站点监测数据、社会经济统计数据以及基础地理数据等为基础，选取最小数据集理论、模糊逻辑模型、模糊层次分析法和物元可拓性模型等为研究方法，借助GIS和SPSS等软件作为空间分析和统计分析工具平台，通过建立科学合理的指标体系，从合理开发土地资源和保障生态安全的角度，进行土壤质量评估和生态系统脆弱性评估，两者结合实现黄河三角洲后备土地资源的科学选取，并基于此结果对后备土地资源进行适宜性评价及空间优化调整，主要研究内容和结果如下。

建立基于最小数据集与模糊逻辑的土壤质量分析模型，利用最小数据集理论，结合矢量常模值削减入选的指标数量，改进一般研究常用的评价指标体系，建立符合黄河三角洲特点的最小数据集，增强指标的代表性。基于选定的指标，引入模糊逻辑模型，采用模糊隶属度对黄河三角洲土壤质量状况进行综合评估，也有效降低人为主观因素的影响。结果显示，土壤质量等级具有较强的空间分布规律，从沿海向内陆逐渐增高，与野外调查情况相符；黄河三角洲中西部土壤质量好，东部和北部相对较差，将土壤质量从优到差分成6个级别。经统计，从第1级到第6级土壤质量的面积比例分别为2.8％、16.27％、31.38％、19.47％、14.03％和16.06％，第3级土壤比例最高；园地的土壤质量平均值最高，沿海滩涂土壤质量平均值最低；第1级土壤最少，在刁口河与黄河交界处有少量分布。

综合应用模糊层次分析和模糊逻辑模型，构建黄河三角洲生态系统脆弱性评估体系。将模糊理论引入层次分析法中，发展模糊层次分析法，利用三角模糊函数对各指标间的重要性赋值，与传统的层次分析法相比，能够显著降低评价过程中主观因素的影响。根据设定的规则建立符合黄河三角洲生态特点的指标体系，应用模糊逻辑模型对黄河三角洲生态系统脆弱性进行评估。评估结果显示，黄河三角洲重度脆弱区分布面积最大，占总面积的22.03％；其次是极度脆弱区，分布更靠近海岸线；不脆弱区面积最小，为464.17 km^2。农田在微度脆弱区分布面积最大，为405.06 km^2，其次是不脆弱区和轻度脆弱区；盐碱地面积分布较广，轻度脆弱区和中度脆弱区的盐碱地面积基本相等，重度脆弱区盐碱地面积最大，为290.1 km^2，沿海滩涂基本属于极度脆弱类型。

研发出兼顾土壤质量与生态系统脆弱性的后备土地资源定量评价方法。将土壤质量和生态系统脆弱性作为限制因素，构建量化规则，并结合物元可拓性模型，实现黄河三角洲后备土地资源的选取和适宜性评估，利用GIS邻域分析方法，对后备土地资源开发利用进行空间优化。本研究弥补以往仅利用定义对后备土地资源进行筛选的缺陷，保证后备土地资源开发的适宜性和生态安全性。结果显示，黄河三角洲后备土地资源总面积为445.47 km^2，分布均远离海岸线，并且大部分分布于黄河以北地区，外围生态系统脆弱性高的盐碱地和沿海滩涂均未被包含。适宜性评估和空间优化调整后统计显示，宜农地总面积为202.11 km^2，其中第3级宜农地占91.47％；宜林牧地总面积为243.76 km^2，第1级宜林牧地占91.14％；第1级宜林牧地面积分布最广，遍布整个后备土地资源范围；其次是第3级宜农地，在河口区西部和北部以及垦利东部地区分布较多。

通过建立综合考虑土壤质量状况和生态系统脆弱性级别的后备土地资源适宜性评价方法，从土地资源禀赋与生态系统脆弱性2个角度进行综合量化评估，可为黄河三角洲生态脆弱区土地利用开发提供新的方法思路。

本著作受国家自然科学基金委项目资助，包括青年科学基金项目《基于黄河三角洲土地利用与土壤含盐量关系的土壤含盐量空间插值模型构建》（项目号：41801354）和面上项目《基于生态系统服务功能权衡的黄河三角洲土地利用和生态结构优化模式研究》（项目号：32171574）。

著　者

2023年6月

目　录

1

绪　论

1.1 选题背景与研究意义

后备土地资源有狭义和广义2种概念，狭义的后备土地资源又被称为耕地后备土地资源，即未被开发成耕地但具有一定的农业用地价值，利用经济和科学技术手段，可将其转变成耕地的土地资源，如荒草地、盐碱地、滩涂、沼泽和裸地等，狭义的后备土地资源只关注土地的宜耕性（瞿华蓥，2009；余弦，2015；张宇，2016）。广义的后备土地资源被定义为：在一定的经济技术条件下，根据社会需求，通过工程或其他措施，除了国家或地方设定的限制开发区如自然保护区等，其他能够被开垦或复垦的具有宜林、宜农或宜草等特性的荒草地、盐碱地、沼泽、裸地及滩涂等未利用地，也包括那些因各种人为因素和自然灾害造成破坏而废弃的压占地、塌陷地和自然灾害损毁地等（石竹筠，1992；李桂荣，2008；王莉莉，2011），与狭义的后备土地资源定义相比，增加了宜林和宜牧性，本书参考广义的后备土地资源概念开展研究。

1.1.1 选题背景

本研究选题考虑3个方面，包括国家始终面临着土地资源紧缺的现实以及多次提出并实施的占补平衡政策、现阶段对后备土地资源开发的不合理性以及黄河三角洲具有后备土地资源丰富且开发潜力大的特点。

国家层面上，我国人口数量大，2021年第七次全国人口普查结果显示，我国人口数量为14.43亿，约占世界人口的18 %，但是我国人均耕地资源量却只有1.4亩（1亩≈667 m^2，全书同），在世界上排名约为120位。土地资源将会在原本已趋紧张的情况下，随着工业化和城市化进程、农业结构调整及生态退耕等工作的深入将进一步减少，由此带来的主要问题是粮食安全难以保证，日益增长的食物需求与逐渐减少的耕地资源形成鲜明对比。在此背景下，国家对可用的后备土地资源量给予极大重视，并多次在土地尤其是耕地方面出台相关政策来保护现有的后备土地资源。1996年，国家土地管理局提出了要保持耕地总量动态平衡的建设思路，并施行相关的土地管理政策（张凤荣，1997），这也是我国第一次出现“占补平衡”的政策；1998年修订的《中华人民共和国土地管理法》首次以法律条文形式规定国家严格控制耕地用途的转变，同时确立“占一补一”的耕地保护政策（张琳，2007）；至2003年，国家对全国后备土地资源进行摸底，并重申后备土地资源在“占补平衡”中的重要性（张凤荣，2003）；2006—2008年国务院审议通过了《全国土地利用总体规划纲要（2006—2020年）》，确定了坚守18亿亩耕地“红线”的战略方针，提出“质”和“量”要同时兼顾；2014年前国土资源部又强调了严格保护耕地红线的政策。以上都表明国家越来越重视对后备土地资源的开发利用和保护。

其次，后备耕地资源对于我国可持续发展战略机遇和危机并存，在当前频繁的自然灾害、过度开发建设和环境持续污染形势下，需要科学利用和保护我国的后备土地资源，否则目前已相当严重的土地沙漠化、水土流失、土壤盐碱化及其他土壤退化现象将快速发展（杨瑞珍，1996；朱德举，2002），并将对子孙后代的生存基础产生威胁。国家虽然多次强调后备土地资源开发需同时保障“质”和“量”，但在实际开发中，尤其一些政府部门为凸显政绩，只关注“量”而忽视“质”的重要性，不但使得开发后的后备土地资源生产力不足，也对周围生态环境造成影响，进一步加大了土地退化和生态环境破坏程度。实际上我国具有悠久的土地开发历史，宜农土地已基本被开发完毕，可供开发的后备土地资源量十分稀少，并且大量后备土地资源位于生态敏感或生态脆弱地带，开垦这些土地会对区域生态结构和功能造成威胁（周春芳，2004）。若能站在保障可持续发展的高度，依靠科技进步和生态保护意识提升，合理利用后备土地资源，不仅能缓解自然灾害、过度建设和环境污染带来的压力，还能为区域土地资源优化和合理配置提供基础，促进人民安居乐业，促进经济又好又快发展。

黄河三角洲是我国东部沿海最年轻的土地，同时也是最后一片未被充分开发的土地，自1855年以来，黄河每年携带黄土高原的泥沙为黄河三角洲增加约2 000 hm^2的新生土地。我国先后对长江三角洲和珠江三角洲进行战略性开发，而黄河三角洲这片被誉为“最具开发潜力的三角洲”却最晚被提升至国家开发战略。黄河三角洲后备土地资源量大，是我国重要的后备土地资源区，与长江三角洲和珠江三角洲相比具有不同的自然特性；黄河三角洲开发模式也有异于长江三角洲和珠江三角洲，由于后备土地资源具有较高的生态系统脆弱性，开发过程中尤其要注意对周边生态环境的影响，科学合理开发，切实保障区域生态安全，保障黄河三角洲的可持续发展。近些年，国家启动了“渤海粮仓”等一些国家科技支撑项目，也为黄河三角洲后备土地资源综合研究提供了契机。

1.1.2　研究意义

依据黄河三角洲土壤质量和生态系统脆弱性特点，对后备土地资源进行综合筛选，而不是将所有未开发利用土地都作为后备土地资源，避免对处于土壤质量差、生态脆弱和开发潜力低区域的未利用地进行开垦，有利于区域生态环境保护和可持续发展，对区域生态安全维护有重要意义。这一过程中综合考虑了后备土地资源“质”和“量”的重要性，方法科学合理，可为其他地区或者相似研究提供方法借鉴，具有一定的理论指导意义。

对黄河三角洲后备土地资源进行综合筛选，获取后备土地资源空间分布和综合质量状况，然后从开发类型和空间邻近等方面进行分析，得到后备土地资源适宜性，有助于决策者认清当地后备土地资源的实际数量和空间分布，便于其根据区域发展规划，合理开发和优化利用后备土地资源，具有一定的实践意义。

1.2 国内外研究进展

后备土地资源评价隶属于土地评价，对后备土地资源的评价包含于土地评价中。土地评价已有2 000多年的历史，但大多数研究者人为，科学的土地评价体系是随着土壤学、农学、地质学、统计学等学科的进步才逐渐发展起来的。国外早期的土地评价是为课税服务，如1877年俄国著名土壤地理学家道库恰耶夫在尼日戈罗德省和自然地理学家包勒特夫斯克省基于黑钙土肥力研究来制定征税标准；1934年德国《农地评价条例》中依照耕地划分来征税，1937年美国依据的斯托利指数分级等（朱德举，2002）。

20世纪30年代，随着资源调查与土地合理利用规划的发展，大农业土地评价才开始以土地合理开发利用为目的进行研究。20世纪30年代早期，由于美国中西部存在严重的土壤侵蚀和水土流失灾害，根据自然环境特征进行合理的土地利用和土地管理的必要性逐渐被察觉，依据开发土地不允许造成环境退化的原则，提出土地利用潜力分类，并于1961年正式颁布这一系统，但主要以农业开发为目的，以土壤特征为基础依据进行土地潜力评价（傅伯杰，1990），共分为3级，包括潜力级、潜力亚级和潜力单位。潜力级又划分出8个级别，从第1级到第8级的限制性逐渐增强；在潜力级内，根据限制性因素特点划分出4个亚级，包括侵蚀、水分、表层土壤和气候条件，潜力亚级属于中间过渡级别，它既是潜力级的下属组分，又属于潜力单位的上级综合；潜力单位的划分依据包括土地适宜的作物种类、土地保护和管理措施以及生产潜力的相似性。参照这一分类方法，加拿大和英国也分别于1963年和1969年相继推出了各自的分类体系。这一阶段的土地评价是以美国的土地潜力分类系统为代表，主要从整理土壤调查资料、解译土壤调查图和实地调查区域的土壤和气候条件入手。这一时期进行的都是一般性的土地评价，主要考虑土地的自然属性和广泛的、标准化的土地利用，并没有综合社会经济条件和技术条件要素。

20世纪70年代，随着遥感等技术手段在资源调查中的应用，土地评价研究从一般性的土地资源清查过渡到有针对性的土地资源评价研究，进一步促进土地评价的发展。评价工作也逐渐在世界范围内展开，许多国家都推出适合本地区的评价系统，建立了不同的分类体系。为了建立一个世界范围内统一的土地评价系统，1976年联合国粮食及农业组织（Food and Agriculture Organization of the United Nations，FAO）颁布了《联合国土地评价纲要》。该纲要主要是服务于区域土地开发，并明确提出土地与土壤概念的差异，同时提出土地评价即为土地适宜性的分类，认为土地质量与土地利用类型相配合才能构成土地适宜性分类，把土地适宜性明确定义为一定的土地类型对规定用途的适宜性，并正式弃用了“潜力”一词。

20世纪80年代以来，计算机技术的逐步成熟，在资源调查与评价中也得到广泛应用，使得土地评价的理论与方法不断得到改进和完善，向着综合化、精确化、定量化、生态化和动态化的方向发展。美国农业部土壤保持局于1981年在原来土地潜力分类的基础上，提出了“土地评价和立地评价”系统。该系统同样是用于农业目的的土地评价，为合理的土地利用决策服务，它由土地评价子系统和立地评价子系统2个部分组成，前者用于土地潜力分类、农田鉴定和土壤生产力评价；后者重在评价农用地的经济社会条件。这一时期，FAO在《联合国土地评价纲要》的基础上，相继出版了《旱地农业土地评价指南》（1984年）、《林业土地评价》（1984年）、《灌溉农业土地适宜性评价指南》（1985年）和《牧业土地评价》（1986年）等多个文献资料，推动了评价体系更为系统、全面的发展。

20世纪90年代，可持续发展逐渐被大家熟知，并成为公众关注的焦点，FAO于1993年颁布了《可持续土地利用纲要》，其中明确指出有关土地可持续利用评价所遵循的基本原则、程序和评价标准。各国学者以此纲要为指导，依据本国的资源环境条件和背景，探讨和建立本国土地可持续利用评价的指标体系，研究对象也都偏向于农用土地，主要从土壤肥力、土地退化、土地环境方面探讨土地质量的指示指标（Kirkby，2000；Murage，2000），同时也对土地可持续利用在经济方面的评价指标进行分析（Tisdell，1996；Bouman，1999）。

目前，国外在土地评价方面已经建立很多成熟的评价体系，大部分关注土地的可持续利用；而对于后备土地资源的评价，尤其是宜耕性后备土地资源的评价研究还是发展中国家较多，相对来说，中国各地区和各种尺度开展的后备土地资源评价更多。

我国对土地的评价历史悠久，1949年以前的研究工作只是侧重于土地利用情况调查，较为系统的土地评价始于20世纪50年代对荒地的调查。国家为发展农业生产，在全国开展对荒地资源综合性评价，并在此基础上，产生了2个较为系统全面的评价体系，一是中华人民共和国农垦部荒地勘测设计院提出的4级分类评价体系，包括荒区、副区、等和级；按气候水热条件把全国划分为荒区和副区，在副区下依照开垦的难易程度划分为4等，第1等为可直接开垦利用的，第2等为稍加措施可开垦利用的，第3等为需要采取较多措施才能开垦的，第4等为难以开垦的；对于每一等的土地属性都有定性描述；等以下划分级，级的数目不限。二是中国科学院自然资源综合考察委员会提出的以土地生产力高低为依据的3级分类评价体系，包括类、等和组，与前者不同的是，这一体系首先按水热条件对农作物熟制与灌溉必要程度划分土地类，全国共划分出8类；在类以下再按土地质量好坏划分5个土地等，分别为好，较好，中等，较差，不适宜；等以下则按照限制因素一级改良措施种类分组，数目没有限。此体系具有详细的土地自然特性方面的指标，与之前的相比客观性强，可称作是土地自然评价。

20世纪90年代末，以合理利用土地为目的的耕地评价工作逐渐成熟，进而产生2个通用的评价体系：一是《全国第二次土壤普查暂行技术规程》中的土地生产力标准分级，是仿照美国农业部土地利用潜力分类系统拟定，但规程对分级标准只有粗略的定性描述，采用的是单层次分级系统，根据土地的适宜性和限制性，将全国土地分为8级，土地适宜性与限制性呈此消彼长关系；二是中国科学院自然资源综合考查委员会的1：100万土地资源图分类体系，是在FAO《联合国土地评价纲要》的基础上结合我国实际情况拟订，采用5级分类制，即土地潜力区、土地适宜类、土地质量等、土地限制型和土地资源单位。

20世纪80—90年代，后备土地资源调查评价工作得到广泛开展，石玉林按照宜农荒地在农业利用方面的适宜度及其具有的生产性高低等设计出全国的宜农荒地分类系统，采用区、等、组和类型4级划分。1988—1990年，国家计划委员会和国家土地管理局组织了全国待开发土地资源调查评价工作。1990—1993年，全国农业区划委员会组织了“四荒”资源的调查评价。1997年各省（自治区、直辖市）为编制1997—2010年土地利用总体规划而开展了农用地后备资源调查评价。结合调查实例，诸多学者也开始从理论角度对后备土地资源进行深入探索和研究。如黄土残垣沟壑区土地开发适宜性评价方法研究（姚建民，1994）、四川涪陵未利用地适宜性评价和开发利用研究（尹启后，1995）、山西耕地后备资源评价方法及其应用（武锦官，1999a，1999b）。基本上都是通过分析后备土地资源可开垦的自然条件，建立评价模型完成的最终评价。

20世纪90年代以来，研究人员将关注点集中于耕地可持续利用方面，一些学者也建立一些区域性指标体系，对耕地的可持续性进行综合评价（傅伯杰，1997；徐梦洁，2001；陈百明，2002；张凤荣，2002）。而对后备土地资源的研究则集中于宜耕性方面，通过选定应用于耕地方面的指标，确定阈值范围和不同指标的贡献程度进行评价，并在保护和提高后备土地资源宜耕潜力方面提出了多项措施，如周春芳（2004）从水资源、农业污染和生物多样性方面对北京市后备土地资源的宜耕性进行了评估；曹筱扬（2013）运用了GIS和层次分析方法对滇西南后备土地资源宜耕性进行综合评价，并提出了如何使后备土地资源在土地的“占补平衡”中发挥有效作用的方案。同时也有对特殊地区的后备土地资源进行综合宜耕性评价，王莉莉（2013）通过实地调查黄河三角洲的垦利未利用地分布，汇总出该地区的后备土地资源总量，并从土壤盐碱化程度、地下潜水埋深、水资源保护和土壤质地4个方面对其宜耕性进行了评估；庞悦（2014）针对低缓坡地这一特殊地理区域，综合了地形、水文、交通、地质灾害以及区位特点等对该区域的未利用地从宜耕和宜建设2个角度分别作了评估。

综上所述，国内外在土地评级方面做了相当多的研究，对后备土地资源的研究则主要集中于农业利用方面，宜耕性的评估较多。然而，几乎所有对后备土地资源的研究都只是将研究区内全部未利用地作为后备土地资源，并且在宜耕性评估中对土壤质量未做深入探讨，这对后续的土地适宜性分析会造成一定影响；部分评估虽然加入了生态因素方面的指标，但对未利用地所处的生态功能区位及其生态系统脆弱性或敏感性程度的考虑不充分，开发这些土地资源会引起一系列的生态安全问题，所以如何合理地划定后备土地资源量，还需要进行深入研究。

1.3 研究目标、内容和技术路线

1.3.1 研究目标

本研究基于地理学、生态学、水文学、土壤学和统计学等多个学科交叉理论，以野外采样数据、遥感影像数据、社会经济统计数据和基础地理等作为数据支撑，利用GIS、数学建模和地统计等方法手段，通过评价黄河三角洲的土壤质量状况和生态系统脆弱性状况，并综合2种评价结果，旨在科学获取黄河三角洲后备土地资源量及其空间分布状况，并对后备土地资源进行适宜性分析和邻域分析，最终实现后备土地资源优化利用的目的。

1.3.2 研究内容

根据研究目标，将研究内容划分为3个部分，即土壤质量评估、生态系统脆弱性评估和土地适宜性评价。

第一，以野外实地采样数据为基础，结合黄河三角洲土地利用现状，构建用于土壤质量评估的最小数据集（Minimum Data Set，MDS），同时获取各指标的权重分配，实现黄河三角洲的土壤质量评价，探究整个三角洲的土壤质量空间差异，并分析各主要土地利用类型的土壤质量状况。

第二，综合利用遥感、GIS和统计学方法，根据黄河三角洲特点构建多系统评价指标体系，综合评价三角洲生态系统脆弱性程度，划定不同等级生态脆弱区，分析各生态脆弱区空间分布特点并与黄河三角洲土地利用相结合，获取主要土地利用类型的生态系统脆弱性状况。

第三，综合研究区土地利用现状、土壤质量评估结果以及生态系统脆弱性评估结果，参照后备土地资源定义，构建适用于黄河三角洲的后备土地资源选取规则，获取最终的黄河三角洲后备土地资源。对后备土地资源进行适宜性评价，并对适宜性类型进行空间调整，实现土地的优化利用。

1.3.3 技术路线

第一，收集本书所用到的数据，包括遥感数据如USGS Landsat 8 TM影像数据、高分1号影像数据和环境卫星影像数据等，社会经济统计数据包括各类统计年鉴和环境统计公报等，气象监测数据，土壤采样数据，地下水监测数据，已有土地利用数据以及其他基础地理数据等。

第二，对收集到的数据进行预处理，参考遥感影像和已有土地利用数据获取研究年份的土地利用现状。对土壤样品化学测试指标进行筛选，建立基于土壤质量评价最小数据集，利用模糊逻辑模型实现黄河三角洲土壤质量评估。

第三，从土壤、水文、地形地貌、海洋影响、气候、植被覆盖、土地利用和社会经济角度筛选指标，建立黄河三角洲生态系统脆弱性评价指标体系，利用模糊层次分析法对指标权重进行设定，利用模糊逻辑模型实现黄河三角洲生态系统脆弱性评估。

第四，对土壤质量评估结果、生态系统脆弱性评估结果和土地利用状况做叠置分析，获取黄河三角洲后备土地资源数量及质量状况。从宜农、宜林牧2个角度共同构建土地适宜性评价指标体系，利用物元可拓性模型完成后备土地资源的适宜性分析。

第五，利用邻域模型对所有单元适宜类型进行空间检验，与周围单元适宜类型进行综合对比，将孤立单元做进一步整合，最终实现后备土地资源在空间上的最优化利用。

根据研究内容和研究思路，设计研究方案技术流程如图1.1所示。

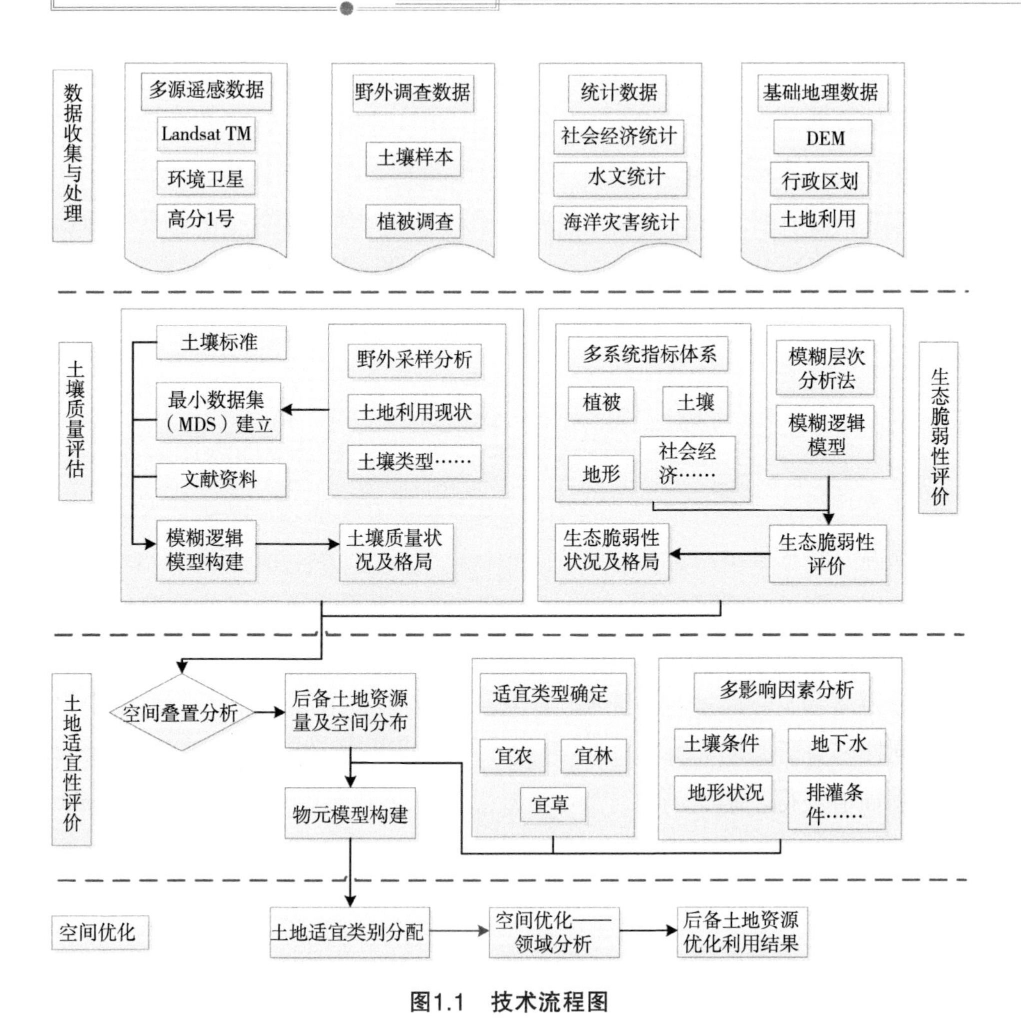
数据收集与处理
多源遥感数据
Landsat TM
环境卫星
高分1号
野外调查数据
土壤样本
植被调查
统计数据
社会经济统计
水文统计
海洋灾害统计
基础地理数据
DEM
行政区划
土地利用
土壤质量评估
土壤标准
最小数据集（MDS）建立
文献资料
模糊逻辑模型构建
土壤质量状况及格局
野外采样分析
土地利用现状
土壤类型……
多系统指标体系
植被
土壤
地形
社会经济……
模糊层次分析法
模糊逻辑模型
生态脆弱性状况及格局
生态脆弱性评价
生态脆弱性评价
土地适宜性评价
空间叠置分析
后备土地资源量及空间分布
物元模型构建
适宜类型确定
宜农
宜林
宜草
多影响因素分析
土壤条件
地下水
地形状况
排灌条件……
空间优化
土地适宜类别分配
空间优化——领域分析
后备土地资源优化利用结果

图1.1　技术流程图

2

数据获取与处理

2.1 研究区概况

2.1.1 地理位置与行政区划

黄河三角洲位于山东省东北部，渤海湾南岸与莱州湾西岸，是黄河流域最下游区域，处于黄河入海口，为黄河携带泥沙经多年沉积形成，是目前全国最大的河口三角洲。由于黄河每年携带大量泥沙入海，使得黄河三角洲成为世界上土地面积自然增长最快的地区之一，每年向海延伸平均达22 km，平均每年造陆达0.32 km^2，为全国最大的三角洲。

河道淤积以及所造成的河流不断改道是黄河三角洲发生演变的根由，根据各历史阶段黄河尾闾摆动对三角洲影响的规律，可分成古代、近代和现代3个三角洲体系：古代黄河三角洲以利津为顶点，北起套儿河口，南至支脉沟口所形成的扇形地带，面积约6 000 km^2；近代黄河三角洲则起于垦利宁海，北起套儿河口，南至支脉河口所形成的扇形地带，面积约5 400 km^2，其中约5 200 km^{2}位于东营；现代黄河三角洲以垦利渔洼为顶点，北起挑河口，南至宋春荣沟所形成的扇形地带。

根据现代黄河三角洲的范围设定研究区，地理坐标范围为37°22′～38°04′N，118°14′～119°05′E，全部位于山东省东营市，包括河口、垦利、利津和东营4个县级行政区，其中北部为河口的全部，其他区县均只有一部分处于研究区内，南部为东营的部分，中间为垦利的大部和利津东北部，总面积约为5 057.24 km^2（图2.1）。

图2.1　研究区范围

2.1.2　地形与地貌

黄河三角洲地势较平缓，西部较东部高，南部较北部高，研究区西南部最高海拔约为12 m，东北部最低海拔为1 m左右。研究区地貌多为黄河频繁改道和决口泛滥等作用形成的岗、坡、洼相间形态，可将黄河三角洲划分为岗阶地、河成高地、低洼地、河滩地、平地以及滩涂地等6个大类38个小类，研究区具体的高程和地貌类型分布如图2.2所示。

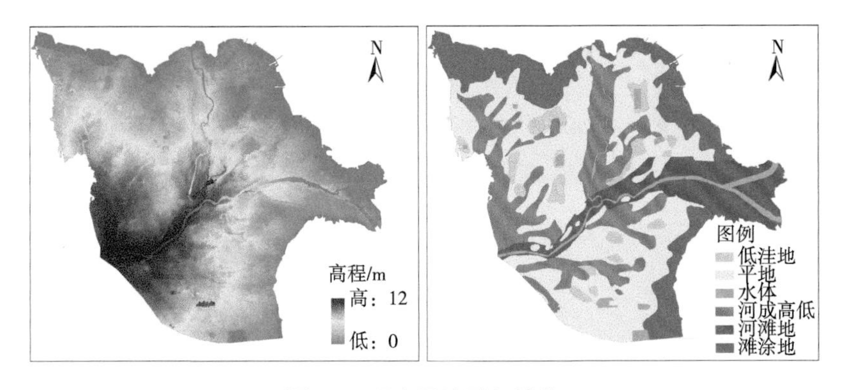

图2.2　研究区地形与地貌

2.1.3 气候与水文条件

黄河三角洲气候类型属于暖温带半湿润大陆性季风气候，冬季干燥寒冷，夏季炎热，雨量大。年均日照时数为2 590～2 830 h，多年平均气温为11.7～12.6 ℃，极端最高气温为39.9 ℃，最低为-20.2 ℃。受气候影响，黄河三角洲降水量在时空分布上极不均匀，降水量年际变化大，总体空间分布趋势为由南向北依次递减。蒸发量大于降水量，根据东营市气象站点1966—2001年实测资料，黄河三角洲多年平均降水量约为537.4 mm，平均蒸发量约为1 885 mm，年蒸降比约为3.6：1。

黄河三角洲内部河流大部分为客水河道，包括黄河、神仙沟、挑河等（图2.3）。其中，黄河是流经三角洲地区最长、影响最大的河流。黄河三角洲地下水主要的补给方式包括降水补给、河流补给、海水倒灌和灌溉回归补给等，河流补给和降水补给为主要的补给方式；主要的排泄方式包括蒸发、蒸腾、地下水向海的排泄、向河道或沟渠排泄以及人工抽取排泄等。

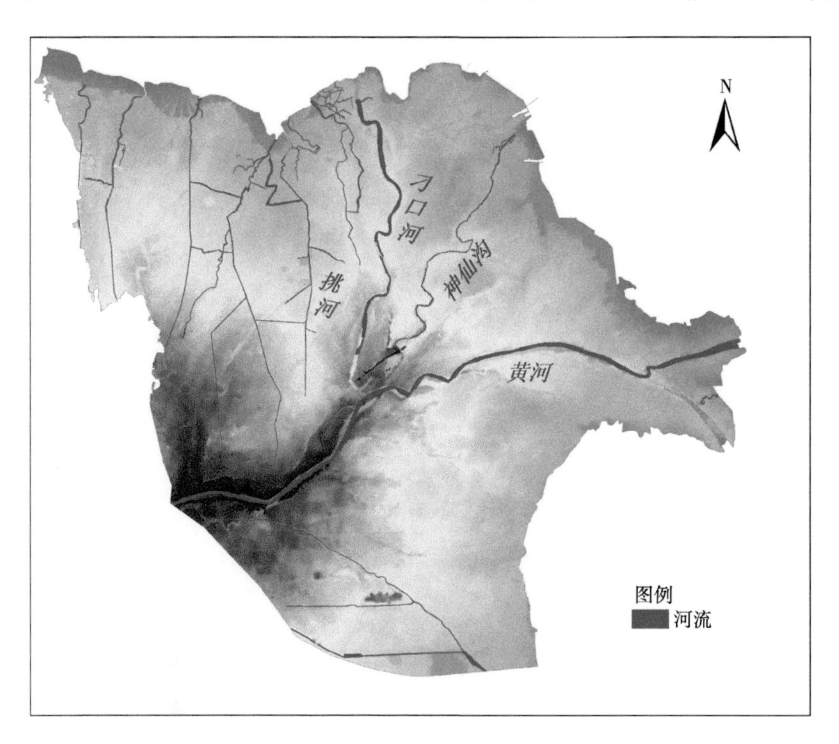

图2.3 研究区主要河流分布

黄河三角洲浅层地下水补给方式主要为大气降水，形成过程易受到黄河侧渗和下渗影响、海洋潮汐顶托、淹没作用的制约及盐土的影响，形成地下水埋深浅和矿化度高的特征。近70 %的浅层地下水是咸水和微咸水，难以直接利用。地下水矿化度随地形差异空间变化较大。平缓的低地和洼地，埋深为1 ~ 2 m，接近地表，矿化度大于10 g/L，局部地区可高于30 g/L；在河滩高地和决口扇形地区域，地下水埋深一般在3 m左右，矿化度为0 ~ 6 g/L, 在黄河故河道一带，矿化度均小于2 g/L。地下水矿化度空间分布规律可总结为由内地向沿海逐渐增加，近内陆地区矿化度较低的特点。

2.1.4　土壤与植被

黄河三角洲土壤可分为5个类、10个亚类、20个属、134个种。5个类分别为褐土、潮土、盐土、水稻土和砂浆黑土，面积占比分别为3.44 %、50.88 %、44.46 %、0.47 %和0.75 %。黄河三角洲土壤质地可分为黏土、轻壤、砂壤、中壤和重壤5种类型（图2.4）。受气候影响，研究区土壤有季节性返盐和脱盐过程，春季、秋季少雨，蒸发量大，表现为盐分向土壤表层集聚现象；夏季雨量大，受雨水淋洗作用，盐分向土壤深层渗入，表现为脱盐过程，而冬季则处于潜伏状态。

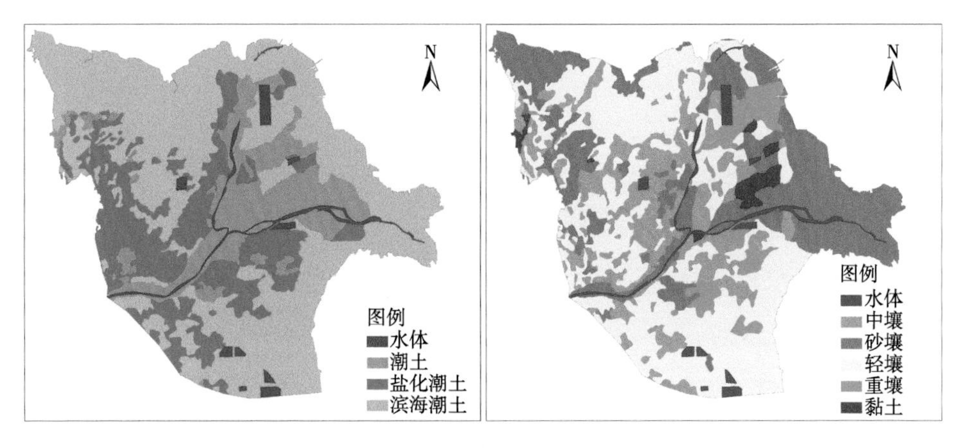

图2.4　研究区土壤类型与土壤质地状况

黄河三角洲植被属于暖温带落叶阔叶林，不存在地带性植被，并且植被分布受土壤含盐量、潜水水位、地下水矿化度、地貌类型及人类活动等的影响。木本少，以草甸为主，植被类型少，结构简单。在天然植被中，以滨海盐生植物为主，包括翅碱蓬、柽柳、芦苇和白茅等，在人工植被中，以农田为主，主要种植作物为小麦、棉花和玉米。

2.1.5 社会经济状况

黄河三角洲处于京津塘经济区和山东半岛开放城市群之间，是国家制定的沿海开放地区。三角洲地区农业资源丰富，土地资源不断增长且开发潜力巨大，后备土地资源量相对较多。另外黄河三角洲蕴含丰富的石油和天然气资源，全国第二大油田——胜利油田坐落于此，也是东营市主要的GDP增长来源，由于近些年对石油开采量不断增加，油田建设逐步扩大，破坏了大量湿地和自然生态区域，使得生态环境状况逐步变差。另外由于人口的增加，不合理开垦土地资源的现象也逐渐增多，产生了大量的撂荒地。

2.2 野外调查与采样数据

2.2.1 土壤样品室外采样

野外调查目的是通过野外采样和实地调查获取一手资料，同时加强对研究区自然和人文环境的整体认识，也为遥感影像解译提供收集验证样本。本研究需要探索整个研究区的土壤质量状况，要求采样数据覆盖整个区域且尽可能保证均匀分布，各采样点位置要求能够代表周边土壤状况和土地类型，各样点位置设定要保证可达性。根据以上要求，结合研究区的土壤类型、土壤质地、土地利用状况以及道路、河流和沟渠的分布特点等，综合设计出野外采样点位置以及调研路线。

野外实际采样过程中，一些非可抗性因素会对采样产生影响，如道路施工和天气变化等，需要不断调整样点位置和路线，导致最终采样点与最初设计位置和数量有较大出入，为预防研究中出现样点不足及其他不确定性因素而产生较大误差，在调研过程中，遇到具有代表性样地就适当增加采样点，同时在研究区外围一定距离范围内增加了多个采样点，以满足后续土壤要素插值需求。

土壤采样过程中，利用土钻取土，装入铝盒中，用胶带封装，每个样点1次采样，无重复，GPS记录每个样点经纬度坐标，同时记录样点周边植被生长和土地利用状况并拍照（图2.5）；土壤采样深度分为2层，浅层为0～20 cm，深层为90～100 cm，采样时利用土壤三参数速测仪测量浅层土壤温度、土壤水分和土壤电导率，在本研究中仅用到浅层土壤样品。采样时间为2014年5月14—22日，无降水，为使得在空间分析时最大限度降低研究区内误差，特在研究区外围也采集了部分样点，最终样点个数为112个，其中研究区内部99个，研究区外部13个，具体的空间分布状况如图2.6所示。

图2.5　研究区野外土壤采样现场

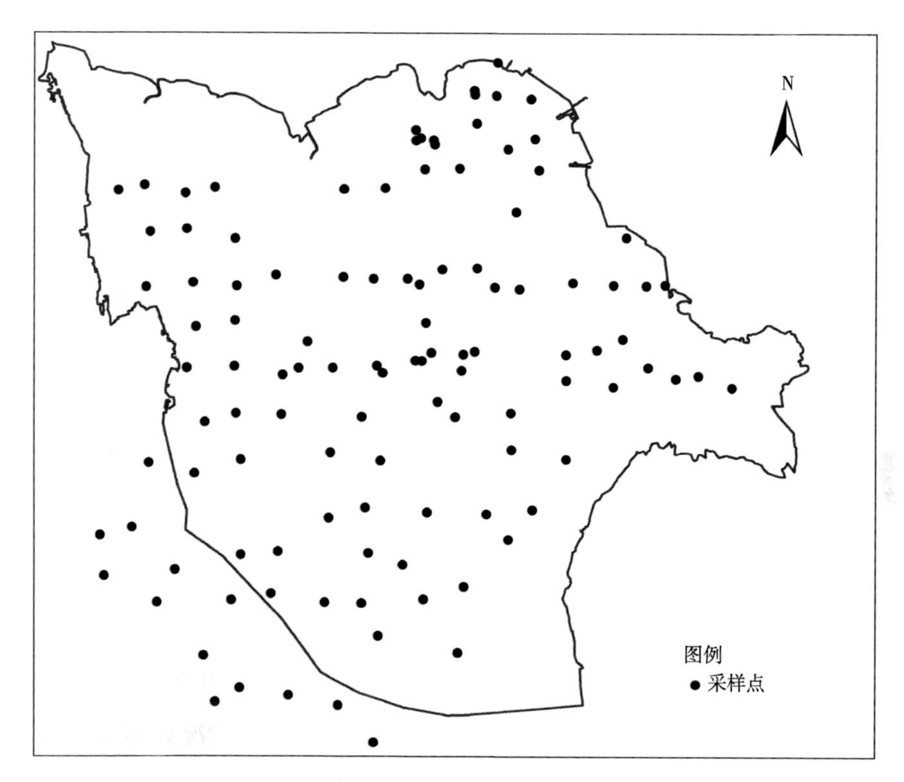

图2.6 土壤采样点空间分布

2.2.2 土壤样品室内分析

2.2.2.1 分析前准备

将土壤样品进行物理化学分析前需要对样品进行预处理，首先是称重，对新采集的样品连同封装后的铝盒一起称重；其次，利用烘箱将土壤样品烘干或者将样品进行自然风干，然后再次称重；最后，将烘干或者风干后的土壤样品研磨，过2 mm筛，再用100目分子筛过筛，之后即可用于实验室分析。

2.2.2.2 分析内容和方法

根据徐建明等对潮土类型土壤质量指标选取建议，并结合研究区土壤特点以及生态系统脆弱性和土地适宜性研究需求，设定样品化学分析内容，包括土壤pH值、全氮（Total nitrogen，TN）、速效钾（Available K，AK）、速效磷（Available P，AP）、土壤含盐量、土壤有机质（Soil organic matter，SOM）以及土壤颗粒组成（黏粒、粉粒和砂粒）。

样品检测主要用到的试验方法：土壤pH值采用定性试纸测定，TN利用半微量开氏法测定，AP采用0.5 mol/L碳酸氢钠浸提-钼锑抗比色法测定，AK采用1 mol/L醋酸铵浸提-火焰光度法测定，SOM采用重铬酸钾氧化外加热法测定，土壤含盐量采用常规重量法，采用5：1水土比例提取可溶性盐分，测定八大离子（Mg^{2+}、Ca^{2+}、K^{+}、Na^{+}、SO_4^{2-}、CO_3^{2-}、HCO_3^{-}和Cl^{-}）含量，土壤含盐量即为八大离子含量之和，土壤颗粒组成采用激光粒度仪测定。

2.2.3 遥感解译野外验证点采集

本研究最终的后备土地资源选取和适宜性评价均基于研究区土地利用现状数据开展，土地利用现状参考遥感影像进行解译，为检验解译精度，需野外采集相应验证点，验证点采集与土壤样品采集同步，根据划定的分类体系，每种类型采集多个验证点，并保证在研究区内均匀分布。

2.3 遥感与基础地理数据

2.3.1 遥感影像选择

本研究有2个部分内容需用到遥感影像，一是土地利用现状解译，二是用于土壤要素插值过程提取辅助要素归一化植被指数（Normalized Differential Vegetation Index，NDVI）。2个部分内容要求的影像空间分辨率不同，选择的遥感影像类型也存在区别。在土地利用解译中所选用的遥感影像类型为我国高分1号遥感影像，下一章会有详细介绍；而作为辅助要素的遥感影像，选取USGS Landsat 8 TM影像数据；在时相选择上，由于2014年5月无清晰图像可用，并且每年5月研究区大部分耕地都被塑料薄膜覆盖，无法精确提取NDVI值，最终选取2014年10月5日的USGS Landsat 8 TM遥感影像，空间分辨率为30 m。

2.3.2 其他数据

研究用到较多基础数据，包括土壤类型、土壤质地、微地貌类型、高程、气温、降水量、蒸发量以及研究区行政区划等。其中高程信息从数字高程模型中（Digital Elevation Model，DEM）中提取，DEM数据来自中国科学院地理科学与资源研究所资源环境科学数据中心（http://www.resdc.cn/），空间分辨率为30 m。其他土壤和地貌数据从全国土壤和地形类型数据中提取，同样来自资源环境科学数据中心。气候数据利用研究区周边气象站点监测数据插值获得，各气象站点监测数据从中国气象数据网（http://data.cma.cn/site/index.html）查询获取。行政区划从东营市国土资源局和民政局获取数字底图，利用ArcGIS软件数字化获得。

2.4 社会经济与统计数据

人口、GDP和其他环境统计数据等均通过查阅相关统计年鉴、统计公报和政府工作报告等获得。具体包括：2015年山东省统计年鉴、2015年中国县市统计年鉴（乡镇卷）、2015年中国县市统计年鉴（县市卷）、2015年中国城市发展报告、2014年东营市社会经济发展公报、东营市人民政府网、垦利县人民政府网、利津县人民政府网、河口区人民政府网、东营区人民政府网以及各区县的生态环境局、农业农村局和水利局网站等。

2.5 本章小结

本章主要介绍了黄河三角洲基本概况、书中用到的各种数据及其获取来源和方法。首先是对黄河三角洲位置、范围、形成原因和自然条件进行了描述，黄河三角洲位于山东省东营市北部，三角洲东部和北部与渤海相邻；黄河三角洲是黄河携带泥沙淤积形成，整个研究区地势平缓，西高东低，南高北低，最大高程为12 m，最低为1 m，微地貌类型多，包括平地、河成高地、低洼地和河滩地等；研究区降水量小于蒸发量，土壤含盐量高，已发生土壤盐碱化，表现为夏季炎热多雨，冬季干燥少雨，春秋土壤积盐，夏季脱盐。

对于土壤采样数据，本章介绍了采样点的布设依据和原则、野外实际采样中的调整方法、采取土样方法；同时介绍了对土壤样品进行室内分析的要素内容和各要素的获取方法等，并获取了相关的数值。

另外，本书对研究中用到的各种数据类型及其获取来源进行了描述，包括遥感数据、地形数据、地貌数据、土壤数据、气象数据和社会经济统计数据等，分别来自各遥感影像数据集、中国科学院地理科学与资源研究所资源环境科学数据中心、中国气象数据中心和各统计年鉴、统计公报和政府工作报告等，并通过查阅或具体的其他技术方法获取到各类型数据。

3

黄河三角洲土地利用现状

对土地利用现状的提取主要采用遥感解译方法，参照前期已有土地利用数据，依据当前研究年份遥感影像，对发生变化的区域进行修改，并按照设定的分类体系重新进行分类。

3.1 数据获取

3.1.1 遥感影像

用于土地利用解译的遥感影像选自我国自主研发的高分1号遥感影像数据，以2014年5—6月影像为主。鉴于黄河三角洲部分区域存在缺少影像覆盖和影像质量全年均较低的情况，根据野外实际调查结果，即2013—2014年大部分区域并未出现变化，对2014年缺少的遥感影像利用2013年相应的影像进行替代，最终选取了12景，各影像都有较高质量，云覆盖率都低于10 %。另外，在解译过程中由于时相差别，部分地区无法清晰辨别，参考了Google Earth影像数据。

3.1.2 前期土地利用数据

对多期已有土地利用数据进行挑选，选用了2007年全国第二次国土调查成果数据，该数据分类详细，比例尺为1∶10 000。利用黄河三角洲范围对全国数据进行剪切处理，得到黄河三角洲2007年土地利用数据，分类体系如表3.1所示，黄河三角洲内共分为30个类别，解译过程中将原有分类进行部分合并和修改。

表3.1　2007年全国第二次国土调查土地利用分类体系

地类名称	地类名称	地类名称
水田	其他草地	风景名胜及特殊用地
水浇地	铁路用地	河流水面
旱地	公路用地	水库水面
果园	农村道路	坑塘水面
其他园地	机场用地	沿海滩涂
有林地	港口码头用地	内陆滩涂
灌木林地	城市	沟渠
其他林地	建制镇	水工建筑用地
天然牧草地	村庄	设施农用地
人工牧草地	采矿用地	盐碱地

3.2 解译方法选择

3.2.1 分类体系建立

根据黄河三角洲实际情况，对原有土地利用数据分类体系进行调整，合并和修改部分类别，将水田、水浇地、旱地和设施农用地合并为农田，果园和其他园地合并成园地，灌木林地、林地、有林地和其他林地合并成林地，其他草地、人工牧草地和天然牧草地合并成草地，城市、建制镇和村庄合并成居民地，铁路用地、公路用地和农村道路合并成交通用地等，最终类别为19个，各类型按照同一等级就行分类和描述，在结果中也无级别区分（表3.2）。

表3.2 黄河三角洲2014年遥感解译土地利用分类体系

地类名称	地类名称	地类名称
采矿用地	坑塘水面	盐碱地
草地	林地	盐田
港口码头用地	内陆滩涂	养殖
沟渠	农田	园地
河流	水工建筑用地	沼泽
交通用地	水库	
居民地	沿海滩涂	

3.2.2 解译标志

目视解译需要解译人员具有一定经验，根据影像中地物的颜色、色调、形状以及与周边地物的组合特点等进行判读（刘庆生，2016），为此，根据影像特点和野外调查中观测到的实际地物，以第4波段、第3波段和第2波段分别设置为红色、绿色、蓝色3种颜色，对每个类别设置判定标准和解译标志（表3.3）。

表3.3 遥感解译标志

土地类型	类型描述	解译标志
采矿用地	白色，斑块状分布，与周边道路有连接	
草地	亮红色，形状不规则，纹理无规律	
港口码头用地	与海相邻，形状规则，有零星船舶停靠	
沟渠	多处于农田，呈直线状态，拐角为直角，有水	

续表

土地类型	类型描述	解译标志
河流	浅绿色，较宽，曲线，水体岸边形状不规则	
交通用地	暗灰色，道路交叉明显，一般连续较长分布	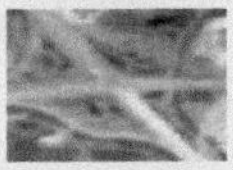
居民地	城镇内部规则，农村分布零散，棕色，有纹理	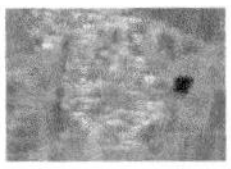
坑塘水面	有水，面积较小，分布较多，较分散	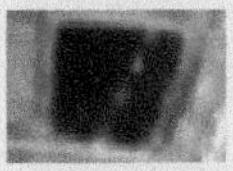
林地	暗红色，无纹理，分布较少	
内陆滩涂	河流两岸，灰色，与河水相接，另一侧为农田	
农田	浅红色，形状规则，部分有白色地膜，分布广	
水工建筑用地	多为河流防护堤，沿河流分布，呈连续线状	
水库	有水，面积较大，形状规则，较坑塘数量少	
沿海滩涂	与海水相接，灰色，另一侧一般为盐田和养殖	
盐碱地	表面植被较少，红灰相间，块状分布	

续表

土地类型	类型描述	解译标志
盐田	方形，部分呈白色，部分有水较暗，沿海	
养殖	面积较盐田大，形状不规则，有水较暗	
园地	浅红色，形状规则，纹理突出，一般处于农田	
沼泽	亮红色，有黑色斑点分布，纹理粗糙	

首先对遥感影像进行辐射校正、几何精校正、光谱增强、波段选择、影像融合、影像裁剪等基础处理，然后根据解译标志进行目视解译，但海岸线位置的确定存在一定难度，受海洋潮汐和海岸地形影响较大，岸线不稳定，尤其黄河三角洲地势平坦，岸线随潮位变化更为剧烈（吴春生，2015），为此本书借鉴常军的平均高潮线法（常军，2004）来确定海岸线位置，其他地类都以2007年土地利用为基础参照2014年高分影像数据进行修改获得2014年土地利用现状。

3.3 土地利用现状

按照设定的分类体系和解译方法，最终得到黄河三角洲2014年土地利用现状数据，各土地利用类型空间分布状况如图3.1所示，面积统计如表3.4所示。

图3.1　2014年土地利用类型空间分布

表3.4　2014年土地利用各类型面积统计

土地类型	面积/km^2	土地类型	面积/km^2
采矿用地	59.72	农田	1 114.71
草地	167.6	水工建筑用地	69.16
港口码头用地	9.95	水库	119.22
沟渠	350.33	沿海滩涂	480.43
河流	106.14	盐碱地	914.45
交通用地	94.05	盐田	431.16
居民地	306.39	养殖	190.62
坑塘水面	377.69	园地	21.33

续表

土地类型	面积/km²	土地类型	面积/km²
林地	190.86	沼泽	18.36
内陆滩涂	35.07	总计	5 057.24

黄河三角洲面积最大的土地类型为农田，总面积1 114.71 km²，主要分布于中西部，黄河和刁口河两侧基本全为农田，尤其2条河流交叉处周边。其次是盐碱地，总面积为914.45 km²，零散分布于整个黄河三角洲，较为集中的区域有孤东油田及其西部区域、孤北水库以北大部分区域、河口区东北和西北部以及刁口河入海处西侧等，整体上看黄河以北面积大于黄河以南。盐碱地形成大致有2种原因，其一，土壤中本就含有较高的盐分，属于自然原因，这部分盐碱地分布更靠近沿海区域，如孤东油田周边和孤北水库周边；其二，更靠内陆的盐碱地是受人工影响产生的，由于人类不合理的开发，如农业不合理灌溉、工业废弃、撂荒等，土壤返盐严重，导致次生盐碱化现象。其他类型如盐田、养殖、坑塘水面和沟渠等人工湿地类型都有较大面积分布，沟渠主要分布于农田之间，纵横交错，较为密集，盐田和养殖则主要分布在沿海地带，尤其是刁口河以西和黄河以南的沿海区域。黄河三角洲草地和林地面积较少，分布集中，以黄河口自然保护区和一千二自然保护区内最多。

3.4 本章小结

本章主要是获取了黄河三角洲土地利用现状，采用的方法是以2007年全国第二次国土调查数据为基础，以2014年和2013年我国的高分1号影像数据为参照，通过人工目视解译获取了黄河三角洲土地利用现状。通过分析各土地利用类型面积和空间分布状况可知，黄河三角洲农田面积最大，分布也较为广阔；其次是盐碱地，靠近沿海的盐碱地面积占大部分，而分布在内陆的盐碱地基本上是由人类的不合理利用导致的次生盐碱化产生；人工湿地面积较大，如盐田、养殖、坑塘水面等；草地和林地分布范围较为集中，面积也不大。获取的黄河三角洲土地利用现状精度较高，可用于后续的后备土地资源相关研究。

4

黄河三角洲土壤质量评估

4.1 国内外研究进展

土壤质量的概念最早在20世纪70年代出现，定义为不同利用方式的土地适宜性（郑昭佩，2003），主要从作物或农产品质量角度做总结。当时学术界认为评价土壤质量应该将土壤对作物生长和人类环境影响作为重点考虑因素。

1992年美国召开的土壤质量研究会议提出土壤质量应包含3个方面的功能，即土壤提高生物在生产力方面的能力——土壤生产力；土壤对环境污染物和病菌的消解能力——环境质量；土壤影响动植物和人类健康的能力——动物健康。这一观点当时得到广大学者的认同，并在土壤研究中起到一段时间的作用（Doran，1994；Karlen，1997）。我国土壤学界对于土壤质量的概括结合了众多科学实践，也总结出了3个方面内涵，与上述3个方面功能有异曲同工之处，即土壤为植物提供养分和生产生物物质的能力——肥力质量；土壤对各环境污染物质的容纳、吸收和降解能力——环境质量；土壤在影响和促进人类和动植物健康方面的能力——健康质量；三者相互独立又具有统一性（刘占锋，2006）。在实际应用中，要根据具体研究目的和研究方向遵从相应的概念。

土壤质量评价概括的说是对土壤性状、土壤功能和土壤条件状况的监测评价，主要是考虑土壤的生产潜力和环境管理措施等。土壤物理、化学和生物特性以及农田施肥和农药喷洒都为土壤综合评价带来困难（张贞，2006），尤其是土壤要素的选取过程更应该遵循科学性，要重视土壤物理、化学和生物3个方面的功能，另外在涉及多个时间段的土壤评价中还需要增加时空尺度上的变化（张国印，2005）。美国土壤会议上曾设立土壤质量评价要素标准，即需要综合考虑气候、景观、土壤理化性质和生物特点，但并未得到广泛的认同，至今国际上仍未有统一的土壤质量分级标准和评价要素体系建立指导；土壤质量与土壤肥力质量研究易混淆，土壤生产力是土壤质量的核心之一，土壤肥力质量则是土壤质量的内涵（蔡崇法，2000；颜雄，2008），而且两者在选取评价要素和评价方法时具有相似性，所以大多对土壤质量的研究都侧重了土壤肥力的评价。

对于不同时空尺度和不同土壤类型，选取评价要素存在较大差别，随着新技术方法的融入，要素的种类也在发生变化。近年来研究中提出较多新的土壤质量要素（李明悦，2005；马媛，2006；王博文，2009）。张慧文（2006）选用总盐、阳离子交换量、有机质、速效氮、速效钾、速效磷、全氮、全磷、全钾和pH值作为土壤肥力评价要素，对乌鲁木齐污水灌溉区的土壤质量在空间上的变异状况做了分析。Steinborn（2000）从热动力学角度出发选取“熵”作为要素评价了农业生态系统的可持续性。Conry（1989）在爱尔兰中部平原研究区进行土壤质量评价时加入森林物种要素；Boehm（1997）选取土壤属性作为要素在景观尺度上评价了3种农作制度下土壤的质量。Karlen（2003）建议采用土壤参数的最小数据集评价土壤质量，他们选取10项要素，涉及土壤物理、化学和生物性质，并提出使用土壤转换函数来估计评价中难以测定的土壤性质；之后又扩展了最小数据集，将微生物生物量和可矿化的生物学要素加入体系；通过最小数据集选取的要素并非适用于所有地区，不同地理环境中，影响其土壤质量的主要要素会有区别，但得益于建立最小数据集的理念，该方法还是得到较为广泛应用（Chen，2013b；张世文，2013；Rahmanipour，2014；Yang，2014b）。

土壤质量评价方法基本上可以分为定性和定量2个方面。前者注重从视觉、触觉和嗅觉上做判断；后者则是随信息技术推广应用和定量数学发展逐步产生的，研究中常用的方法包括Fuzzy综合评判法（万存绪，1991；王建国，2001），指数法（Fu，2003）、模糊评判法（吴玉红，2009）、地统计学方法（张庆利，2003）等。近年来随着3S技术的发展和普及，土壤质量评价也取得了较大发展，在研究区域选择、学科组合和研究方法等方面都取得了突破。RS和GIS技术为数据获取、分析和处理提供了新的方法依据。

在GIS技术的支持下，学者们将灰色关联度（肖慈英，2000）、多元统计分析（Calder，2001）、层次分析模型（Hou，2003）等方法应用到土壤质量综合评价中。

目前对沿海地区土壤质量研究多见于国内，并且总数量较少，要素选取方式相差很大，并未形成统一标准。单奇华（2012）利用质量指数法对浙江余姚滨海盐碱地土壤质量的动态变化规律进行了研究，但整个过程中并未对要素选取做深入探究。Yao（2013）也在小区域内选取样点，并将GIS与模糊综合评价方法相结合，对苏北海涂围垦区的土壤质量进行评价，但在过程中通过人为指定要素组合进行精度对比，客观性值得商榷。

在黄河三角洲地区开展的土壤质量评估相关研究中，李新举（2005）分别利用传统方法和3S集成技术对垦利土壤质量进行评估，并做相互比较，得出利用后者进行评估同样可靠，并在此基础上分别利用几种要素组合来做质量评价达到筛选要素的目的。傅新（2011）在黄河三角洲对堤坝建设如何影响土壤中各养分含量和空间分布进行了研究，得出距离堤坝远近以及堤坝内外对各要素的影响具有一定差异。王恒振（2014）通过聚类方法做要素筛选，结合RS和GIS技术对垦利的耕地质量进行评估，并划分出耕地级别，从而为如何提高耕地质量提供基本依据。

综上对土壤质量的研究概述，土壤质量的具体概念尚未有统一标准，并且与土壤肥力难以区分，但都对土壤质量包括土壤生产力、土壤环境和土壤健康3个内涵这一理论表示赞同。在土壤质量要素选取中，针对不同时空尺度和目的，要素的选取差异较大，包括种类和数量方面，但也有共性要素，如有机质、速效磷、速效氮和速效钾，这些要素对土壤肥力影响都较大。在评价方法上，目前较为常用的是GIS与各分析模型的结合，不单提供了土壤信息获取新方法，也有效解决了土壤质量如何从点到面的扩展问题。虽然后备土地资源的土壤质量评价侧重于物理、化学和生物这些微观方面的要素，但也不能忽略周围环境对这些要素的影响，土地利用或土地覆被变化对其影响是最普遍、最直接和最深刻的，这一点已经得到众多学者的验证（Fu，2003；Su，2003）；然而在各土壤质量评价中，基本未对此类要素进行考虑探究，如何定量化表示这种影响更值得重视；另外对定量要素从点到面的扩展所用的方法各异，导致最终结果存在不同程度的误差，需要根据不同研究区和目的选择不同的方法。

本研究对黄河三角洲的土壤质量评估，着重土壤的生产能力，从土壤基础地力角度着手，在要素筛选和综合评价方法选择中均借鉴了前人研究，并结合黄河三角洲特点构建要素体系和评价方法。

要素筛选利用最小数据集理念。一方面通过建立最小数据集，从大量预选要素中选出少量最合适于反映土壤质量的要素，可减小数据冗余；另一方面在构建最小数据集过程中，可同时获取各筛选要素权重，为之后进行的土壤质量评价提供便利，也减少了人为主观因素影响（Rezaei，2006；吴春生，2016b）。国际上对最小数据集已有相关研究，包括Rahmanipour（2014）建立最小数据集，实现了伊朗加兹温省的土壤质量评估；Wang（2003）应用建立最小数据集的理论将预选的29个要素减少到6个进行土壤质量状况评价；Volchko（2014）利用最小数据集来评估研究区在生态恢复进程相应绿地区域的土壤状况；但这些研究都只是运用主成分分析方法对评估要素数量削减。国内关于最小数据集的应用还少，较早的是李桂林，他提出土壤特征和土地利用可作为衡量标准，同时将要素在各主成分上的综合载荷值作为要素筛选根据，优化了最小数据集的建立过程（李桂林，2007，2008），张世文（2013）借鉴这一理论对密云地区做了要素筛选。综合来讲，这一方法并未得到广泛推广（刘金山，2012；Chen，2013c；贡璐，2015）；本研究从土壤物理和土壤化学方面预选要素，结合土地利用和土壤类型2种外界环境要素影响状况，利用各要素的综合载荷值设定衡量标准，构建较为综合的最小数据集。

评价要素体系建立后，仅对样点上土壤质量的评价无法代表整个研究区土壤质量状况，所以需要对各要素进行空间化，即空间插值。目前，地统计方法在土壤要素插值中最常用，包括反距离差值法（Bogunovic，2014；Liu，2014；Shahbeik，2014）、普通克里格法（Lv，2013；Dai，2014；Emadi，2014）和协同克里格（Li，2013；Song，2014）等，这些方法着重利用变量本身的空间自相关或与协同变量的协同相关进行全局预测，忽略了外界环境要素的影响，同时对采样点数量有一定依赖性，当采样点数量较少时，插值精度会明显降低（Hengl，2007；Bogunovic，2014）。考虑到研究区土壤含盐量大的这一特性，在对土壤含盐量进行插值时选取了一种新的方法——地理加权回归模型，并将插值结果与地统计插值结果进行对比，结果显示地理加权回归模型的插值精度更高（吴春生，2016a）。

地理加权回归模型是在传统的最小二乘回归方法上进行的扩展，它把样点的空间位置加入回归模型，这样既将数据与回归要素的相关关系做了结合，又把样点间距离影响当成一种模型参数，相对其他传统的地统计模型和线性回归模型有一定的优势（吴春生，2016c）。Petlo等（1968）首次将局部回归思想用于处理非等间隔分布的高程数据，并获得满意的结果，后经过专家学者对此思想的日臻完善，在局部回归的基础上利用局部光滑技术，提出了地理加权回归模型，将自变量与因变量之间的非稳态关系引入到模型中，使得预测更加准确有效（Fotheringham，1996；Brunsdon，1998）。地理加权回归模型目前在土壤和环境方面的应用还较少，在土壤属性空间预测方面，在土壤有机质（Wang，2014）、土壤有机碳（Zhang，2011；Mishra，2012）和土壤总氮（Wang，2013）方面较多，而利用地理加权回归模型对滨海地区土壤含盐量的预测还未见有相关研究，应用该方法的重点也是难点在于寻找合适的辅助变量。

研究过程中，除土壤含盐量外，其他土壤要素均未找到合适的辅助变量，所以仅在土壤含盐量插值中选用了地理加权回归模型，其他要素均采用常用的地统计插值，包括普通克里格和协同克里格插值。

土壤质量综合评价过程中选择了模糊逻辑理论模型，该模型与其他评估方法相比具有一定优势（Joss，2008）。一般的评估方法都将要素进行分级，按照各要素在评价单元内的值将其限定到具体的等级中，这种方法统称为是布尔运算；模糊逻辑概念是相对于事物分类中常用的布尔运算来定义。布尔运算是一种有明确界限的分类方法，比如当某个要素的值大于一个值时，该要素就被指定属于某个类别，而模糊逻辑模型则不指定要素是具体属于哪个类别，而是通过多个模糊集函数计算其在不同类别上的隶属度，再结合所有要素来确定某个单元在一定规则下设定成某个级别。两者的主要区别在于3个方面：第一，布尔运算对于某个集合有确切边界，而模糊逻辑在边

某个限值时土壤质量就属于优，而相反低于或者超过某个限值时属于差。

第二，语义变量的确定还要结合所选的模糊函数，也称为是模糊规则推理。但模糊函数有许多种，需要结合评价中的要素体系进行选择；土壤质量评价中所用到的变量全部为定量数据，对于定量数据，一般都是连续分布的数值，如土壤含盐量、SOM和TN等，适合的函数类型也较多，以连续函数表示如图4.1所示。

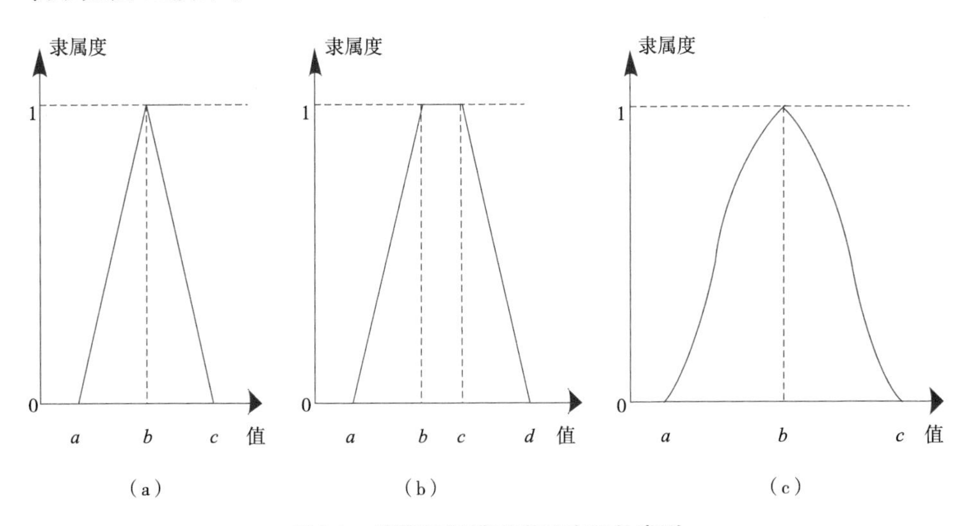

图4.1　模糊逻辑模型隶属度函数类型

图中即是在以往研究中常用的几种函数，（a）（b）（c）分别代表三角函数、梯形函数和曲线函数（也称为钟形函数），而在实际应用中，对于所有评价研究来说，大多数要素只具有一种趋向性，如本研究中，某个要素值越大，土壤质量越高，称为正向型要素，要素值越小，土壤质量越高，称为负向型要素，所以在评价中往往只需要上述每个函数的一侧，即函数（a）和（c）中数值b的左侧或者右侧，函数（b）中数值b的左侧或者数值c的右侧，当要素属于双趋向性时，如pH值，可完全利用上述3种函数。

选取钟形函数作为土壤质量评估的模糊逻辑函数，其公式如下：

$$MF_{xi}=\left[1/\left(1+\left(\left(x_i-b\right)/d\right)^2\right)\right]$$

式中，$0<MF_{xi}\leqslant 1$，MF_{xi}为第i个土壤要素的隶属度值，x_i为第i个土壤要素的值，d为土壤要素x过渡区间的宽度，一般选取要素隶属度值等于0.5

和1时的含量值的差作为d的值，b为要素在最优点的值，即隶属度等于1时的要素含量值，具体函数如图4.2所示。

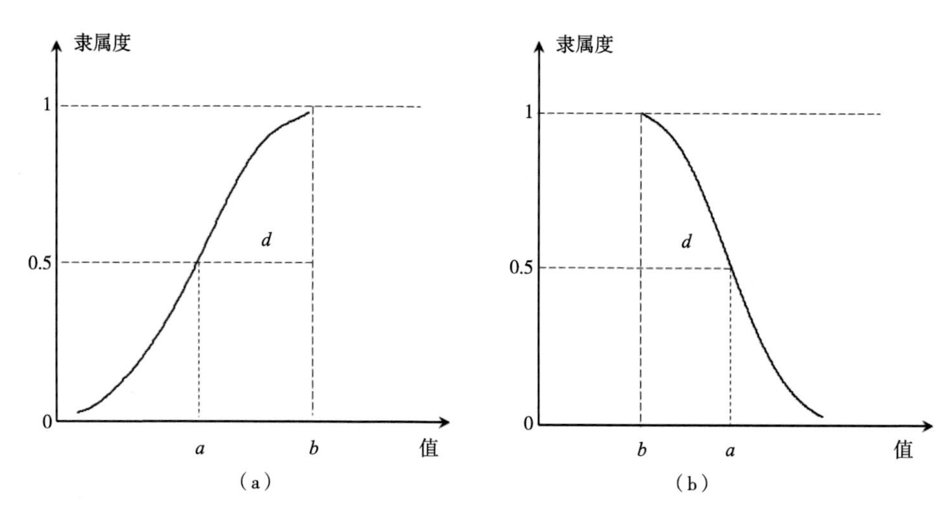

图4.2 正向型和负向型隶属度函数

图4.2（a）即为一个正向型要素的钟形模糊函数，当要素值大于等于b时，要素的土壤质量隶属度即为1，当要素值为a时，其土壤质量隶属度为0.5；相反，图4.2（b）为一个负向型要素的钟形模糊函数，当要素小于等于b时，要素土壤质量隶属度为1。如果评价要素体系中具有双向型要素，则当要素值处于正向趋势范围时，利用函数（a）计算隶属度，当要素处于负向趋势范围时，利用函数（b）计算隶属度。

第三，根据已有的研究成果、文献资料和著作等，结合研究区实际情况，确定每个要素的土壤质量评估适宜范围，并确定每个要素在模糊函数中的其他参数，如钟形函数中的d值，这一过程一方面根据研究者的经验，另一方面需要参考相关研究文献和书籍资料，以及征求相关专家的建议来确定。之后对每个定量要素采用上述的钟形函数计算各自的土壤质量隶属度。

第四，研究区土壤质量评估，结合建立最小数据集过程中筛选的评价要素体系和各要素的权重，与最终各要素的隶属度加权求和，获取各评价单元最终的土壤质量隶属度值，按照相关标准进行分级，即模糊逻辑模型最后一步，去模糊化。

4.3 要素选取

4.3.1 要素选取原则

原则一，科学性与实用性。要素的选取要建立在科学性的基础上，要尽可能涵盖研究区土壤在环境特征中的各个方面，即具有相当的代表性，同时，各要素也要考虑自身获取的方便性、量化的可行性、建模时的复杂程度以及最后展示的便利性等。

原则二，独立性与关联性。各要素间应相互独立，不具有相互替代性；但由于用于综合评价时，各要素之间又具有相互关联和相互作用的特性，所以在选取时也要兼顾关联性特点。

原则三，普遍性和区域性。由于不同研究区具有不同的土壤特点，影响土壤质量的主要因素也各异，所以在选取普遍性的要素时，也要根据研究区特点选取特色要素。

4.3.2 要素预选

对土壤质量进行综合评价需要选取能够代表土壤各种属性的分析要素，一般从物理、化学和生物3个角度选取，各项要素的取值组合在决定土壤质量状况中起到较大作用。在土壤质量评价中需要根据不同的评价目标和土壤类型等对要素进行取舍。土壤物理状况对作物生长和环境质量有直接或间接的影响，例如土壤团聚性即土壤颗粒物组成，对土壤侵蚀和水分运动中都会产生影响；而土壤孔隙度大小则决定了土壤中空气交换、水分运移和养分运输的灵活性。土壤化学性要素（如氮、磷、钾和酸碱度等）都是重要的土壤肥力因子，与作物的生长发育存在密切关系，某个元素太多或者太少都能对作物的产量产生影响。

根据以上设定的原则，同时结合徐建明等学者在潮土类性土壤质量评价中对于要素选取的建议（徐建明，2010），预选了9种物理和化学要素，即pH值、TN、AP、AK、土壤颗粒组成（黏粒、粉粒和砂粒）、土壤含盐量和SOM，其中土壤含盐量和pH值为黄河三角洲的特色要素，其他均为普遍性要素，各要素均较易获取，但各要素间是否具有较高的独立性还需要在后期的分析中做进一步检验和筛选。

4.4 评价单元设定

4.4.1 常用的评价单元设定方法

评价单元的设定关系到整个评价研究的精确程度，它是进行区域评价的最基本区域，选择何种尺度和类型的评价单元要根据研究内容和研究目标来确定。在以往研究中，常用的评价单元可以分为2种：一种是面状的矢量评价单元，又叫综合评价单元；另一种是点状的栅格评价单元，又叫做基本评价单元。矢量单元又包括了行政单元、小流域单元和景观单元等（乔青，2007a）。

行政区单元在以国家、省域为尺度进行的评价研究中采用较多，主要优点在于易获取各行政单元的统计数据，社会、经济要素均以行政单元进行统计，评价过程相对容易，评价结果也更便于各行政单元之间的比较，从而从更高尺度上进行相应的规划调整等；但也存在缺点，尤其是在生态系统的评估中，以行政区为评价单元不利于各生态系统本身的结构与功能分异在行政单元内进行深入分析。

流域单元是以小流域为单元进行区域评价，主要依据区域内的地貌分异以及小流域范围水文过程形成的空间格局，面积大小一般在几十至几百平方千米，小流域相对于其他评价单元来说是更具独立性，流域内的生态系统更具有完整性。

景观单元由多种土地单元斑块镶嵌形成，有一定的空间结构形式，由基质、斑块和廊道构成。它在进行生态区划和土地利用规划时能起到中间衔接作用，将景观单元当做区域评价单元，对在生态功能区划分和生态保护方面都具有重要意义。

栅格评价单元是以栅格单元作为评价的信息载体和评价单元，主要通过遥感和GIS得到栅格点位数据；矢量评级单元的优点是数据获取相对简单，评价结果易于应用比较和管理，但缺点是难以保证数据和评价结果的精确空间位置。栅格单元的优点恰好是具有空间"精确位置"的含义，就使得评价结果具有"真正空间性"的意义，正好弥补了矢量单元的缺点。

4.4.2 评价单元选择

根据上述介绍的各评价单元类型的优缺点，以及本研究的内容和目的，采用矢量与栅格评价单元相结合的方法，其中栅格单元以30 m × 30 m大小的网格作为基本评价单元，以景观斑块包括微地貌类型、土壤类型、土壤质地和土地利用类型等作为综合评价单元，为避免评价单元的差异而使得评价结果准确度降低，研究所有涉及评价单元的部分都以此为准。

4.5 评价要素筛选

4.5.1 土壤数据统计分析

仅利用土壤表层（0 ~ 20 cm）数据作分析，经实验室检测后的土壤数据结果如表4.1所示。根据表中所显示的变异系数，土壤含盐量为强变异，其他均为中等变异程度，土壤含盐量最大值与最小值差别较大，根据国家盐碱土分级标准，黄河三角洲共有非盐碱土（土壤含盐量≤0.1 %）样本18个，轻度盐碱土（土壤含盐量0.1 %～0.2 %）和中度盐碱土（土壤含盐量0.2 %～0.4 %）样本均为27个，重盐碱土（土壤含盐量0.4 %～1 %）样本22个，盐土（土壤含盐量≥1 %）样本18个，由此可见黄河三角洲大部分土壤属于盐渍化土壤的范畴，并且盐渍化程度较高；而根据国家土壤肥力标准，黄河三角洲土壤养分基本处于中下水平，SOM和TN极为缺乏，尤其SOM在中等以上水平（SOM≥2 %）样本个数仅为6个；AP和AK含量均正常。*k-s*检验可知，除土壤含盐量、土壤湿度和AP外，其他要素均服从正态分布。

在对土壤进行深度分析之前需对各要素进行异常值检查，采用阈值法对离群值进行检查修正，设定域的范围为［$u-3s$，$u+3s$］，u为要素的平均值，s为标准差。经检查，土壤含盐量和SOM等均有超出阈值范围的样点，通过查看离群样点的空间位置，判定这些样点均具有合理性，未做删减处理，可将所有样点用于下一步分析。

表4.1　土壤要素统计性特征

要素	最小值	最大值	平均值	标准差	变异系数	偏度	峰度	*k-s*检验
SOM/%	0.08	3.01	1	0.54	54.17	1.17	1.74	0.16
TN/%	0.01	0.18	0.06	0.03	49.78	0.95	1.33	0.45
AK/（mg/kg）	47.98	394.7	131.8	70.94	53.83	1.69	3.02	0.01
AP/（mg/kg）	1.89	36.95	10.45	6.89	65.9	1.45	2.34	0.06
黏粒/%	0	15.5	6.3	3.43	54.43	0.1	−0.19	0.86
粉粒/%	9.26	88.47	36.83	16.87	45.81	0.64	0.02	0.53
砂粒/%	8.9	89.81	56.88	19.31	33.94	−0.53	−0.34	0.76
含盐量/%	0.01	3	0.54	0.66	122.86	1.97	3.42	0
湿度/%	13.4	181.1	42.71	23.96	56.11	2.55	10.12	0
pH值	7.65	8.82	8.16	0.24	2.99	0.26	−0.39	0.26

4.5.2 最小数据集建立

首先，相关性分析。通过分析各土壤要素间的相关性，检验初始要素间的相关程度及是否存在数据冗余，各土壤要素的相关性检验如表4.2所示。

表4.2 土壤要素相关性检验

要素	SOM	TN	AK	AP	黏粒	粉粒	砂粒	含盐量	湿度	pH值
SOM	1									
TN	0.46**	1								
AK	0.4**	0.39**	1							
AP	0.16	0.42**	0.22*	1						
黏粒	−0.07	0.32**	0.35**	0.2*	1					
粉粒	0.31**	0.6**	0.57**	0.14	0.66**	1				
砂粒	−0.25**	−0.58**	−0.56**	−0.16	−0.76**	−0.99**	1			
含盐量	0.04	−0.02	0.24*	−0.12	−0.01	−0.06	0.06	1		
湿度	−0.14	−0.2*	0.16	−0.21*	−0.06	−0.02	0.02	0.35**	1	
pH值	−0.09	−0.01	−0.15	0.03	0.18	0.23*	−0.23*	−0.1	−0.22*	1

注：**和*分别代表为置信区间在99 %和95 %。

由表4.2可知，黄河三角洲2014年多个土壤要素之间存在显著或极显著相关关系，如土壤粉粒含量与其他5个土壤要素在0.01水平上存在极其显著相关性，若所有要素均用于土壤质量评价，会造成较大的数据冗余，有必要对要素进行优化筛选。

其次，主成分分析与分组。对所有土壤要素进行主成分分析结果显示，前3个主成分的特征值≥1，获取这3个主成分中各土壤要素载荷如表4.3所示。

表4.3 土壤要素成分载荷

主成分	SOM	TN	AK	AP	黏粒	粉粒	砂粒	含盐量	湿度	pH值
1	0.43	0.74	0.68	0.37	0.71	0.93	−0.94	−0.02	−0.11	0.17
2	0.18	−0.04	0.48	−0.24	−0.11	0	0.02	0.7	0.73	−0.54
3	0.64	0.39	0.12	0.5	−0.46	−0.22	0.27	−0.11	−0.35	−0.42

根据前述分组方法，将所有要素共分为5组：第1组包括TN、AK、黏粒、粉粒和砂粒；第2组包括土壤含盐量和土壤湿度；第3组为pH值；第4组为SOM；第5组为AP。

最后，辅助参数计算及最终筛选结果。利用各主成分的特征值和各要素在主成分上的载荷，计算各要素的矢量常模值，同时利用SPSS对各要素进行多变量方差分析，获取不同土地利用类型和土壤类型上的决定系数。然后完成要素的筛选，如表4.4所示，最终确定的最小数据集包括：TN、AP、AK、土壤含盐量、SOM和pH值，去除了土壤各粒度含量和湿度。

表4.4 土壤要素筛选结果

分组	土壤要素	*Norm*	决定系数		正态变换			分值	是否入选
			土地利用	土壤类型	*Norm*	土地利用	土壤类型		
1	TN	1.5	0.03	0.1	0.82	1	0.13	1.95	是
1	AK	1.44	0.19	0.02	0.79	0.21	0.97	1.97	是
1	黏粒	1.47	0.11	0.02	0.81	0.23	0.56	1.6	否
1	粉粒	1.8	0	0.03	0.98	0.25	0.02	1.25	否
1	砂粒	1.82	0.02	0.02	1	0.17	0.1	1.27	否
2	含盐量	0.92	0.19	0.06	0.5	0.57	1	2.07	是
2	湿度	1.05	0.13	0	0.58	0.01	0.66	1.25	否
3	pH值	0.91	0.06	0.05	0.5	0.47	0.31	1.29	是
4	SOM	1.15	0.11	0.01	0.63	0.06	0.57	1.26	是
5	AP	0.98	0.14	0.09	0.54	0.88	0.75	2.16	是

4.6 评价要素空间化

4.6.1 土壤含盐量插值

4.6.1.1 插值方法介绍

地理加权回归模型是对多元线性模型的一种扩展，是将采样点空间位置加入模型，各自变量系数随空间位置不断变化，公式如下：

$$y(u) = \beta_0(u) + \sum_{j=1}^{n}\beta_j(u)x_j(u) + \varepsilon(u)$$

式中，$y(u)$为因变量在位置u的值；$x_j(u)$为第j个自变量在位置u的值；$\beta_0(u)$是截距；$\beta_j(u)$是第j个自变量在位置u的回归系数；n为自变量的个数；$\varepsilon(u)$为随机误差。

该模型与多元线性回归模型最大区别是其回归系数在每个位置都要被估算，估算矩阵如下：

$$\hat{\beta}(u) = [X^T W(u) X]^{-1} X^T W(u) Y$$

式中，Y为（$m \times 1$）的因变量矩阵；m为在位置u局部回归中的观测值的数量；X是一个$[m \times (n \times 1)]$自变量矩阵，包括截距项；$W(u)$为一个（$m \times m$）空间加权对角矩阵。对于地理加权回归模型确定$W(u)$值是重点，目前有2种方法，一是固定权重函数，它在整个黄河三角洲是固定的；二是自适应权重函数，它能根据校准位置周围的数据密度进行相应调整。自适应权重函数方法中最常用的是高斯权重函数：

$$W_{ij}=e^{-0.5\left(d_{ij}/r\right)^2}$$

式中，W_{ij}为预测位置i处因变量值所需的位置j处的观测值的权重；r为带宽参数；此函数显示观察点权重随距预测点距离增大而减小，带宽参数计算有3种方法：直接分配最邻近法、交叉验证法和校正的Akaike信息标准法（AICc）（覃文忠，2007；瞿明凯，2014），本研究选用AICc法计算带宽参数（吴春生，2016a）。

4.6.1.2 辅助环境变量选取

首先，环境变量预选。土壤发生盐碱化必须具备三大因子：土壤盐分来源、水分来源和使土壤盐分向地表运移的机制（Fan，2012）。依据该理论，结合数据可得性和实用性，选取6种环境变量。沿海地区土壤盐分主要来自海水入侵（Yang，2014a），与海岸距离不同土壤含盐量差别较大，所以以距海岸距离作为土壤盐分来源的表征变量；地下水位高低影响土壤盐分向土壤表面聚集（Xiao-mei，2010），但整个黄河三角洲地下水位难以获取，所以将样点距河流和海岸距离，结合高程作为水分来源的表征变量；土壤盐分向地表运移机制较为复杂，目前并未有统一结论和公式，针对这一因子选取环境要素较为困难，选用对土壤含盐量具有一定影响或指示作用的环境要素作为补充，主要包括NDVI、坡度和地形指数。综合上述考虑，最终选择的辅助变量包括距河流距离、距海岸距离、高程、坡度、NDVI和地形指数。

高程、坡度和地形指数从黄河三角洲DEM数据中提取，河流和海岸线从遥感解译数据中提取，利用Arcgis的欧氏距离模块计算距河流距离和距海岸距离，NDVI基于USGS Landsat 8 TM影像数据获取，时相为2014年10月5日，空间分辨率为30 m；NDVI利用TM3波段、4波段进行计算得出NDVI=（band4−band3）/（band4+band3），所有数据都重采样为30 m分辨率。

其次，环境变量筛选。首先对土壤含盐量和各环境变量进行统计分析，结果如表4.5和表4.6所示。

表4.5　土壤含盐量及相应环境变量统计

变量	最小值	最大值	平均值	标准差	偏度	峰度	变异系数
含盐量/%	0.01	3	0.54	0.66	1.97	3.42	122.86
坡度/°	0	0.63	0.07	0.1	3.02	10.99	156.83
NDVI	−0.11	0.37	0.2	0.08	−0.65	1.16	39.21
高程/m	0	10.46	4.35	2.31	0.18	−0.84	53.03
距河流距离/m	0	15 370.9	3 321.51	3 686.94	1.59	1.77	111
距海岸距离/m	0	57 411.7	19 040.76	13 955.45	0.61	−0.33	73.29
地形指数	0	12.43	6.82	3.18	−0.86	0.6	46.63

表4.6　土壤含盐量与各环境变量相关性统计分析

变量	含盐量	坡度	NDVI	高程	距河流距离	距海岸距离	地形指数
含盐量	1						
坡度	−0.115	1					
NDVI	−0.376**	0.06	1				
高程	−0.311**	0.046	0.557**	1			
距河流距离	0.199*	−0.138	−0.129	−0.317**	1		
距海岸距离	−0.248**	0.077	0.436**	0.904**	−0.258**	1	
地形指数	−0.043	−0.227	−0.136	−0.061	0.259*	−0.133	1

注：**和*分别代表为置信区间在99 %和95 %。

从表4.5和表4.6可以看出，所有环境变量均具有一定变异性，尤其坡度和距河流距离呈现出强变异程度，其他环境变量为中等变异程度，由于表中显示土壤含盐量与所有环境变量之间均存在相关性，所以环境变量的变异性势必会引起土壤含盐量的变异，所以将环境变量加入土壤含盐量的插值中具有一定的意义。

环境变量之间也存在着不同程度的相关性，如距海岸距离与高程相关性最高，距海岸距离与其他变量之间都具有显著的相关性；若将所有变量都用于回归模型中，模型将会受多重共线性的影响，精度降低，造成结果不准确；在建立模型前需对环境变量组合进行检验，利用逐步回归方法实现环境变量的筛选，获取最优环境变量组合，并引入容限值（Tolerance）和方差膨胀因子（Variance inflation factor，VIF）对各组中的环境变量进行共线性检验，经逐步回归结果显示，用于土壤含盐量插值的环境要素包括距河流距离、NDVI和高程，对三者进行共线性检验结果如表4.7所示，容限值均接近于1，膨胀因子均小于7.5，说明环境变量之间不存在多重共线性问题，根据标准偏回归系数可知，NDVI对土壤含盐量的影响最大。

表4.7 逐步回归环境变量组合模型检验

模型	标准偏回归系数	容限值	膨胀因子
高程	−0.073	0.979	1.021
NDVI	−0.353	0.982	1.019
距河流距离	0.144	0.966	1.035

4.6.1.3 插值结果

以逐步回归筛选出的环境变量和土壤含盐量为基础，在ArcGIS中利用地理加权模块进行分析，获取地理加权回归模型中各变量的系数分布（图4.3），从图中可以看出所有环境变量系数在空间上各异，在空间上的每个位置分别对应着独立的系数值。

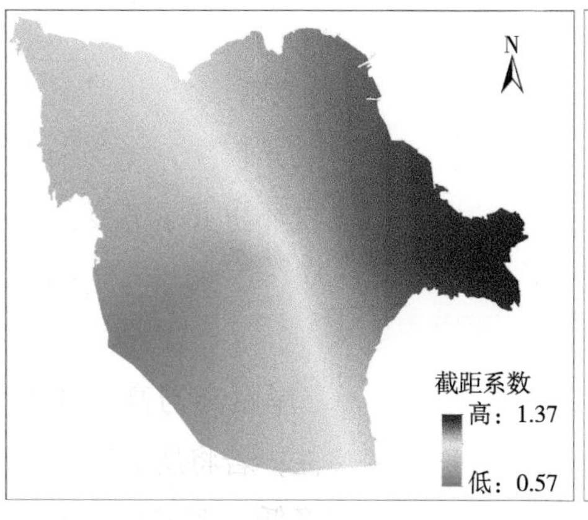

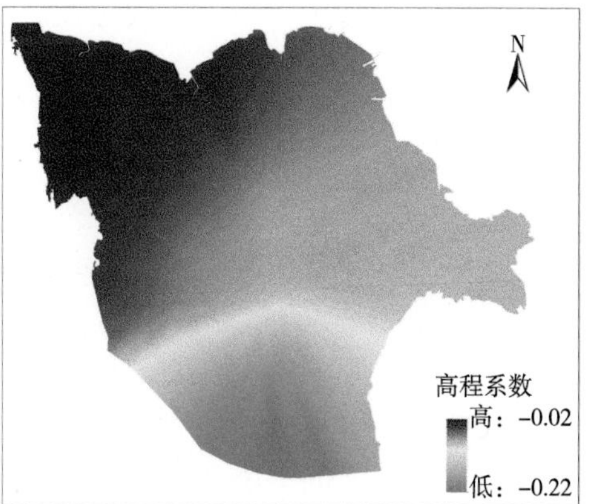

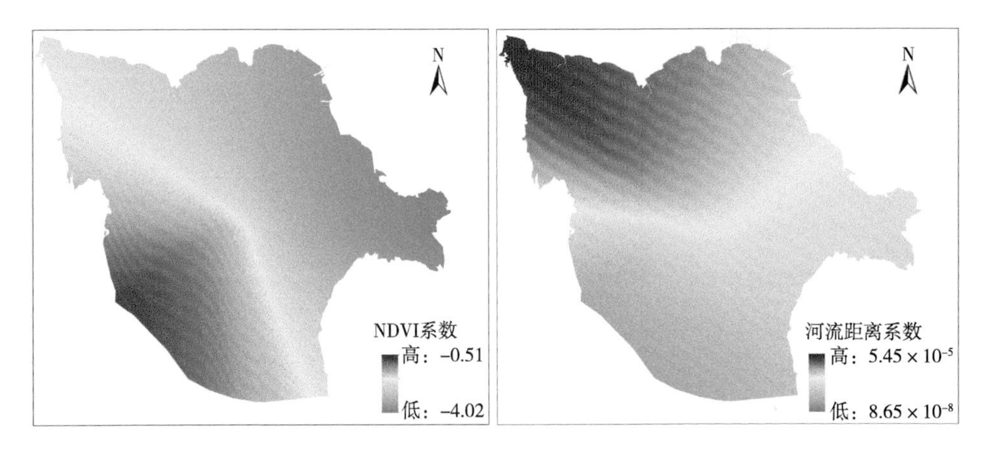

图4.3　土壤含盐量地理加权回归模型中环境变量系数空间分布

运用ArcGIS中的栅格计算模块对各变量系数和变量进行计算，获取地理加权回归模型模拟的结果如图4.4所示。

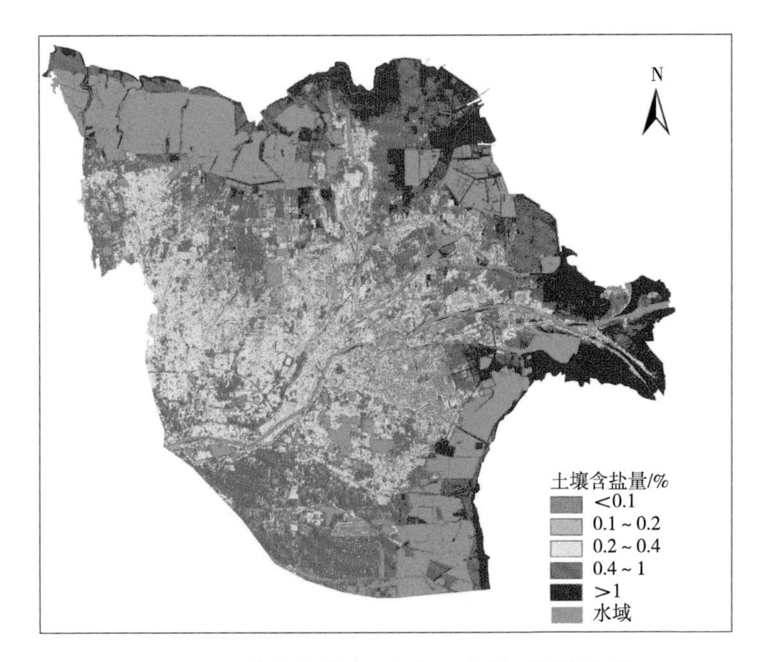

图4.4　土壤含盐量地理加权回归模型插值结果

从插值结果图中可以看出，黄河三角洲土壤盐渍化范围较广，属于非盐化和轻度盐渍化的土壤主要分布于黄河三角洲中西部，沿河流带状分布；中度盐渍化面积较广，黄河以北，刁口河以西基本全为中度盐渍化土壤；重度和盐土分布于东部和北部，沿海滩涂由于常受海洋潮汐影响，基本上属于盐土，随着向陆地的深入，土壤含盐量降低，土壤由盐土向重盐渍化转变。

4.6.2 其他要素空间化

4.6.2.1 插值方法

前期学者证明，土壤质地对SOM的影响较大，而土壤质地主要是由土壤各粒度含量决定，如土壤黏粒、粉粒和砂粒。表4.2显示SOM与三者均具有相关性，与粉粒在0.01水平下为极其显著的正相关关系，与砂粒为极其显著的负相关关系；根据三者的相关性，选用协同克里格作为SOM空间扩展的方法，以SOM为主变量，粉粒和砂粒为辅助变量进行插值。而其他要素均采用普通克里格进行插值。

地统计插值的基本前提是各插值要素必须服从正态分布，由表中各土壤要素*k-s*检验结果可知，AK检验值小于0.05，需要进行数据转换，转换后的*k-s*检验结果分别为0.446，满足插值条件。在进行地统计插值前，首先运用GS+软件统计分析3个要素的半变异性，以及最优模拟模型，然后利用ArcGIS中的Geostatistical analyst进行克里格插值。

4.6.2.2 各要素插值结果

根据以上描述，对各要素进行插值后的结果如图4.5所示。

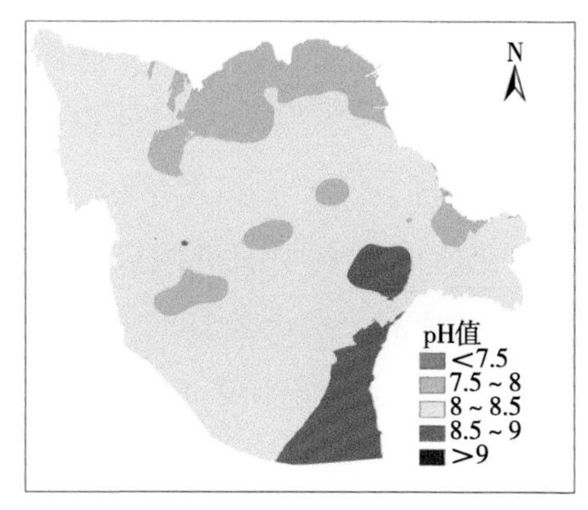

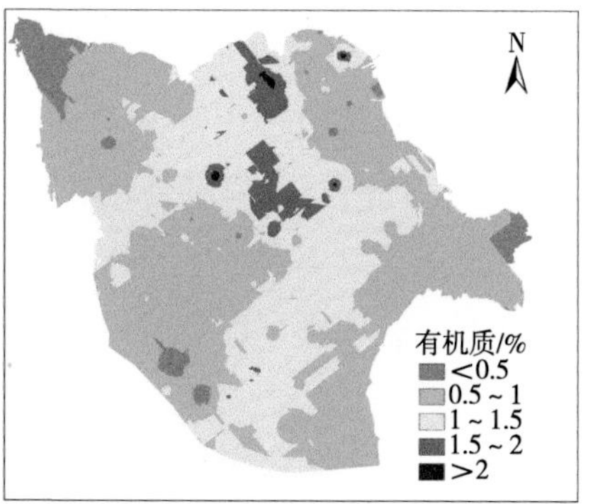

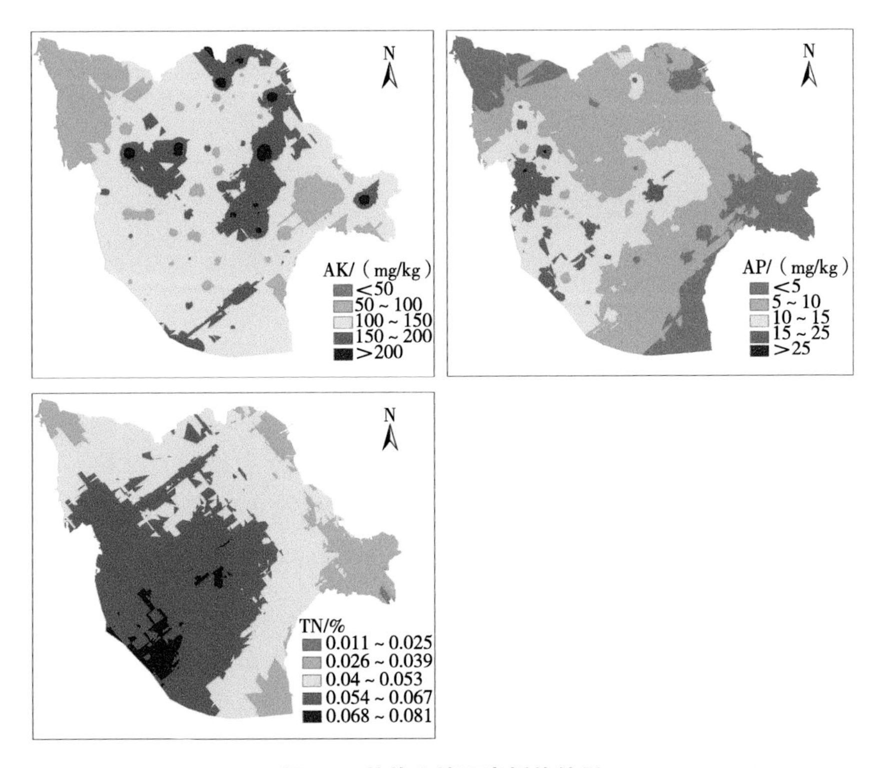

图4.5　其他土壤要素插值结果

图4.5显示各要素空间分布都具有一定的规律性，TN和AP含量则从沿海到内陆逐渐增加，AK含量和pH值在整个黄河三角洲较为平均，而SOM含量在黄河三角洲中部较高，东部和西部稍低，这与黄河三角洲高程、地下水位、植被的分布以及人类活动有较大关系；黄河三角洲内部地势高，受海水侵蚀弱，并且地下水位较沿海深，土壤盐分向地表迁移受到的阻力大，导致土壤含盐量低，同时由于内陆农田较多，土壤养分含量相对高，而西南部SOM含量的降低则由于该区域土壤质地多为砂粒，不利于SOM的积累，矿化分解较快，同时该区域居住用地较多，也不利于SOM的积累存储。

在对各土壤要素插值过程中，首先对在所有样点中随机抽取90个样点作为插值点，保证所有样点均匀分布于黄河三角洲，剩余的22个样点用于插值结果的精度验证，利用均方根误差来表示，验证结果如表4.8所示，从表中可以看出，各土壤要素均具有较好的插值精度。

表4.8 筛选后各土壤要素插值误差

	土壤含盐量	SOM	TN	AP	AK	pH值
均方根误差	0.3	0.01	0.03	0.35	0.24	0.09

同时将此结果与其他有关黄河三角洲土壤含盐量及各土壤要素的插值结果做对比，均具有更高的精度，如杨琳利用遥感相似性方法获取的黄河三角洲土壤含盐量空间分布状况（Yang，2015），其精度评价中的均方根误差为0.38，明显大于本研究的结果。

4.7 土壤质量综合评价

选取6种土壤要素进行黄河三角洲的土壤质量评估，参照上述对模糊逻辑模型的描述和构建步骤的设计，参照相应的标准规范等实现黄河三角洲的土壤质量综合评价，详细过程如下所述。

4.7.1 模糊化

根据全国第二次土壤普查中对TN、AP、AK、pH值和SOM的分类标准（表4.9和表4.10）和不同地区土壤含盐量的划分标准（表4.11），同时结合相关专家对该地区土壤质量标准的建议方案（徐建明，2010），并结合黄河三角洲特点以及这6种要素在黄河三角洲内的具体含量值，划分出适用于黄河三角洲各土壤要素的适宜范围，并按照模糊逻辑函数设计出相应的参数b和d，结果如表4.12所示。

表4.9　全国第二次土壤调查土壤要素等级标准

分级	SOM/%	TN/%	AK/（mg/kg）
一级	>4	>0.2	>200
二级	3~4	0.15~0.2	150~200
三级	2~3	0.1~0.15	100~150
四级	1~2	0.075~0.11	50~100
五级	0.6~1	0.05~0.075	30~50
六级	<0.6	<0.05	<30

表4.10　土壤酸碱度等级标准

分级	强酸	酸	弱酸	中性	弱碱	碱	强碱
pH值	<4.5	4.5~5.5	5.5~6.5	6.5~7.5	7.5~8.5	8.5~9	>9

表4.11　不同区域土壤含盐量等级标准

土壤含盐量及适用地区	非盐化	轻度	中度	强度	盐土
滨海、半湿润、半干旱和干旱区/%	<0.1	0.1~0.2	0.2~0.4	0.4~0.6（1）	>0.6（1）
半漠境及漠境区/%	<0.2	0.2~0.3（0.4）	0.3（0.4）~0.5（0.6）	0.5（0.6）~1（2）	>1（2）

表4.12　黄河三角洲各土壤要素适宜范围划定

土壤要素	适宜范围	b	d	要素趋向
TN/%	0.01~0.075	0.075	0.025	正向型
AP/（mg/kg）	5~25	25	15	正向型
AK/（mg/kg）	30~200	200	100	正向型
pH值	7.5~9	7.5	0.75	负向型

续表

土壤要素	适宜范围	b	d	要素趋向
土壤含盐量/%	0.1 ~ 0.6	0.1	0.3	负向型
SOM/%	0.6 ~ 1.5	1.5	0.5	正向型

表4.12中TN、AP、AK和SOM为正向型要素，即要素含量越多，越有助于土壤质量的提高，当其含量超过相应的上限时，其模糊逻辑隶属度为1，当含量小于相应下限时，其隶属度为0；土壤含盐量为负向型要素，即含量越高，土壤肥力越低，土壤质量越差，隶属度值的划定与正向型相反；pH值本为双向型要素，即当pH值小于7.5时属于正向型，当pH值大于7.5时属于负向型，但pH值在黄河三角洲内都大于7.5，属于负向型。当各土壤要素处于适宜范围内时，利用隶属度函数进行计算各自的隶属度值，即模糊规则推理。

4.7.2 模糊规则推理

参照上文中选择的曲线函数（钟形函数），结合表4.12对各土壤要素适宜范围和函数参数的设定，利用ArcGIS中的条件函数对各土壤要素空间扩展后的栅格数据进行运算，获取黄河三角洲各要素的隶属度空间分布状况。图4.6中可以看出各要素的隶属度与含量具有相似的空间分布规律。

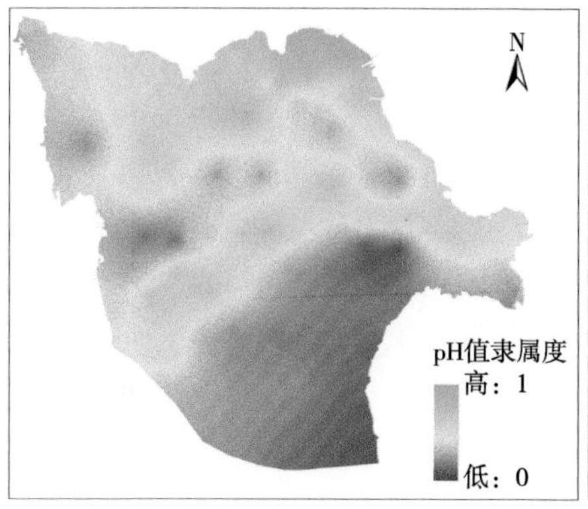

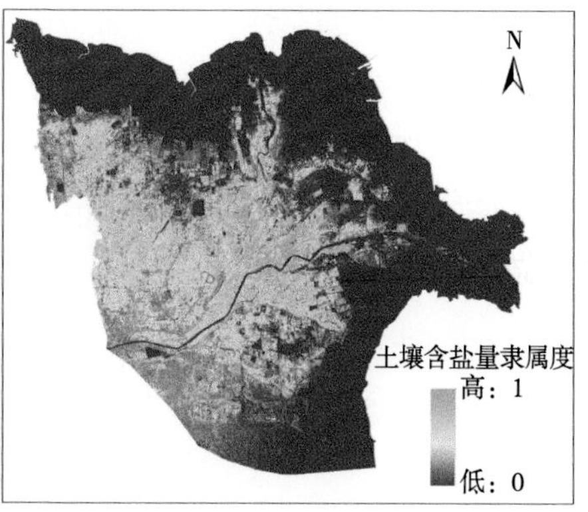

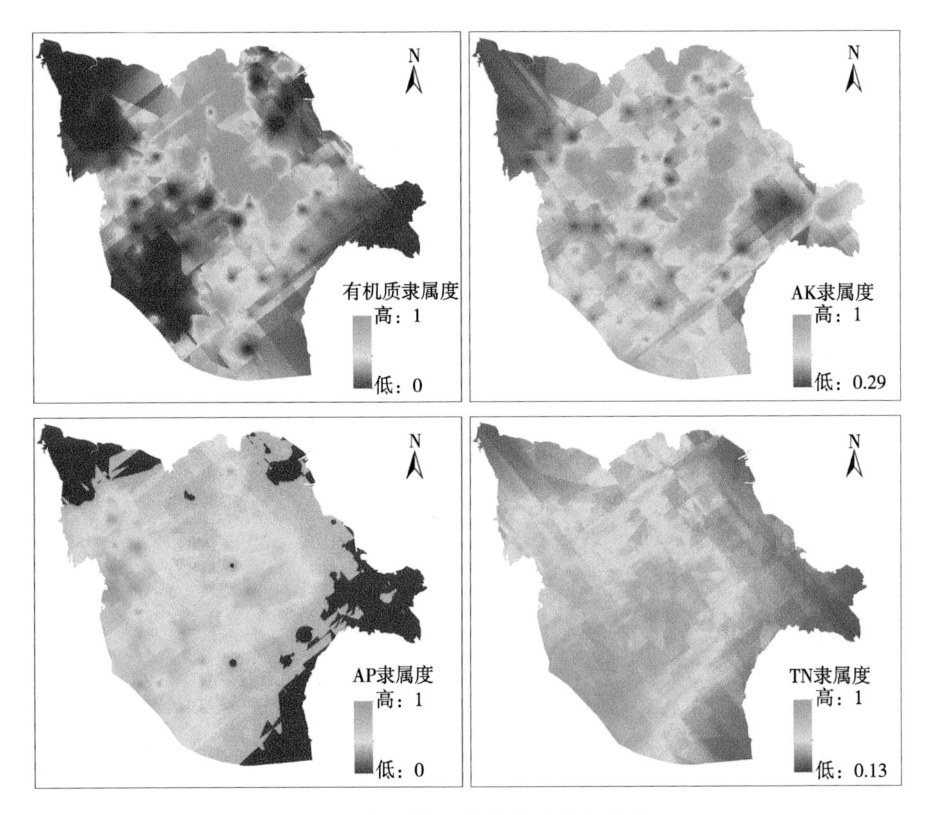

图4.6 各土壤要素隶属度空间分布

4.7.3 去模糊化

对黄河三角洲总体土壤质量等级的划分，本研究利用各土壤要素的隶属度与相应的权重进行加权求和。各土壤要素的权重设定方法在要素筛选中已有描述，本研究是将*Norm*值与土壤环境影响程度值进行综合量算，即表4.4中进入最小数据集的各要素求和项，而权重值即为各要素的值占总值的比例，这样既体现了土壤要素本身在土壤质量中的重要性，又结合了对土壤要素有关联的外部影响，经过计算，最终各要素的权重大小如表4.13所示，相应的整体的土壤质量隶属度空间分布如图4.7所示。

表4.13 各土壤要素权重设定结果

要素	分值	权重
TN	1.95	0.18
AP	2.16	0.2
AK	1.97	0.18
pH值	1.29	0.12
土壤含盐量	2.07	0.19
SOM	1.26	0.12

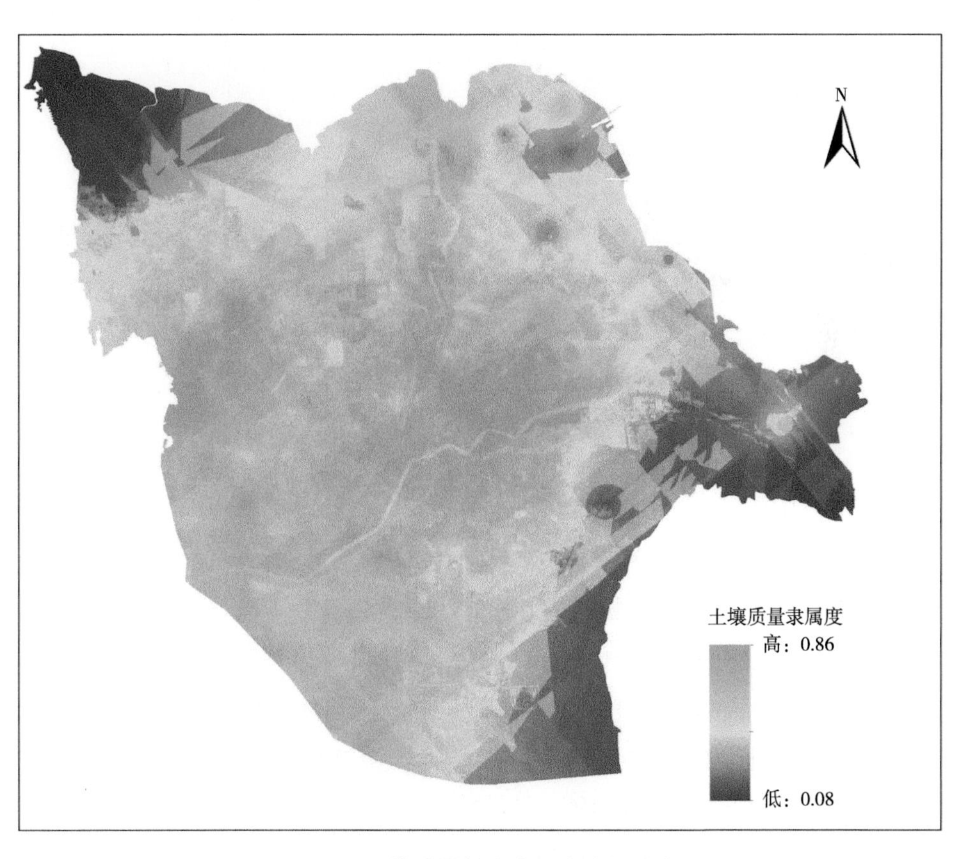

图4.7 土壤质量综合隶属度空间分布

对土壤质量的分级，参考徐建明对全国潮土类型的质量分级建议方案

（徐建明，2010）以及与黄河三角洲相关的文献资料，将土壤质量分为6级，第1级到第6级土壤质量隶属度范围分别对应为：≥0.7、0.6~0.7、0.5~0.6、0.4~0.5、0.3~0.4以及≤0.3，最终的等级划分结果如图4.8所示。

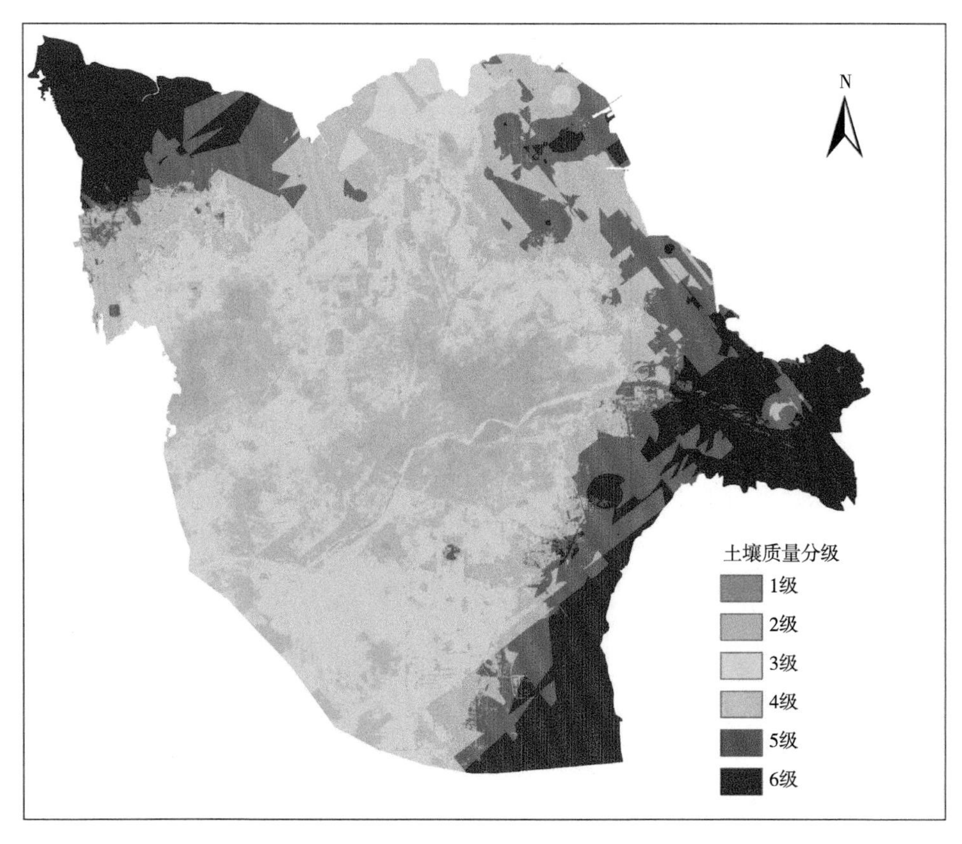

图4.8 土壤质量最终分级结果

从图4.8可以看出，土壤质量等级空间分布规律性强，黄河三角洲中部及西部等级高，土壤质量好，而东部和北部则以第5级和第6级土壤为主，整体上从沿海向内陆土壤质量逐渐增高，与野外调查情况相符，结果可信度高；黄河三角洲北部一千二自然保护区内植被茂盛，有大片的乔木和灌丛，堤坝对海水入侵起到阻挡作用，有效降低了土壤含盐量和pH值，枯枝落叶的累积使得各土壤养分含量较其他沿海地区高，最终导致土壤质量偏高。经统计，黄河三角洲各土壤等级的面积比例依次为2.8 %、16.27 %、31.38 %、19.47 %、14.03 %和16.06 %（表4.14）。第3级土壤面积最大，除东部和西北部沿海外，遍布于黄河三角洲其他区域；其次是第4级土壤，基本上分布于第3级土壤外围；第1级土壤最少，在刁口河与黄河交界处有少量分布，另外是在黄河三角洲西部河口区和利津县交界处。

表4.14　各级别土壤质量数值统计

等级	单元格/个	面积/km^2	比例/%
1级	157 046	141.34	2.8
2级	913 649	822.28	16.3
3级	1 762 051	1 585.85	31.4
4级	1 093 398	984.06	19.5
5级	788 128	709.32	14.0
6级	901 719	811.55	16.0
求和	5 615 991	5 054.4	100

从土地利用角度看（表4.15和表4.16），园地的土壤质量平均值最高为0.61，整体上属于第2级，但总面积也最少，土壤质量大部分处于高等级别；其次是农田，土壤质量平均值为0.58，整体属于第3级，农田在前3个级别土壤的面积占农田总面积的83.02 %；与农田相似，草地和林地的分布也以第3级土壤为主；近海区域如沿海滩涂在海水和人为活动的影响下，产生了严重的土壤盐渍化，土壤质量平均值低，以第5级和第6级土壤为主。

表4.15　主要土地利用类型的土壤质量面积统计　　单位：km^2

土地类型	土壤级别						
	1级	2级	3级	4级	5级	6级	总计
农田	71.24	400.82	452.76	146.08	36.04	7.04	1 113.98
草地	19.08	21.49	53.81	42.77	19.47	10.87	167.49
林地	10.35	40.49	48.49	20.56	14.86	55.95	190.69
园地	1.5	10.79	8.03	0.99	0.01	—	21.32
盐碱地	13.18	124.47	304.53	250.78	168.38	52.51	913.85

续表

土地类型	土壤级别						
	1级	2级	3级	4级	5级	6级	总计
内陆滩涂	0.25	5.95	10	5.45	2.6	10.79	35.03
沿海滩涂	—	4.91	59.73	57.94	68.07	288.6	479.25

表4.16 主要土地利用类型的土壤质量隶属度平均值

类型	土壤质量隶属度平均值
农田	0.58
草地	0.52
林地	0.47
园地	0.61
盐碱地	0.49
内陆滩涂	0.43
沿海滩涂	0.32

从表4.15和表4.16可以看出黄河三角洲的土地资源配置存在较大的不合理性，仍有大量农田分布于低质量土壤，如农田在第4级土壤上的面积达到146.08 km^2，在低级土壤上开垦农田，作物生长受限，覆盖度低，受气候如蒸发作用影响，使得地下水携带盐分向地表聚集，盐渍化加重，又进一步限制了作物生长，并且在实地调查中发现这些农田区域均存在撂荒现象，在高质量土壤上的农田受此影响就较小。但在高质量土壤等级上存在土地闲置，主要分布于近内陆的垦利和利津，由表4.15可知，盐碱地在前3个级别土壤上的面积占盐碱地总面积的48.39 %，实地调查中发现该类型多为规划建设中临时占用的各类型土地或者对农用地实施的休耕轮耕过程中产生的临时闲置地，对这些土地的开发利用需根据具体的生态环境状况和具有的生态功能特点，设计出合理的土地资源开发措施和优化配置方案，实现土地的集约利用。

4.8 本章小结

本章节主要是对黄河三角洲的土壤质量进行了评估，主要涉及3个部分，即评估要素的筛选、土壤要素的空间化和最终的土壤质量评价。

首先，利用建立最小数据集的理论方法，对预选的评估要素进行筛选，主要是土壤的物理和化学要素，建立最小数据集过程中，加入了土地利用、土壤类型等外部环境要素的影响。最终筛选出了6种土壤要素作为土壤质量评价的数据基础，包括TN、AP、AK、SOM、土壤含盐量和土壤pH值，并且在结果中利用各要素的矢量常模值与环境要素影响系数获取了各要素的权重，为后期的评价提供便利。

其次，仅仅利用样点上的数据无法完成整个黄河三角洲的土壤质量评价，需要对样点上的各土壤要素进行空间化，本章选取了多种空间插值方法。土壤含盐量的空间化选用了地理加权回归模型，在插值过程中结合了对土壤含盐量分布有影响的环境要素，包括NDVI、高程和距河流距离等，最终显示黄河三角洲土壤盐碱化范围较广，非盐化和轻度盐渍化的土壤主要分布于中西部，中度盐渍化面积较广，黄河以北，刁口河以西基本全为中度盐渍化土壤；重度和盐土分布于东部和北部，沿海滩涂基本上均属于盐土，随着向陆地的深入，土壤含盐量降低，土壤由盐土向重盐渍化转变。其他各要素由于在选取相应的环境要素时存在困难，所以空间化过程都选用了目前较常用的地统计插值方法，如根据SOM与土壤粒度的相关关系选用了协同克里格方法，其他要素均采用了普通克里格插值方法。

最后，根据筛选出的土壤要素以及各要素空间化后的结果，采用模糊逻辑模型对各土壤要素进行隶属度计算，再结合要素筛选过程中获取的各要素权重，利用加权求和的方法，获取了黄河三角洲土壤质量的整体隶属度空间分布状况，参考专家建议，对隶属度值进行分级，得到最终的土壤质量分级结果。结果显示，土壤质量等级空间分布规律性强，中部及西部等级高，土壤质量好，而东部和北部则较差，以第5级和第6级土壤为主，整体上从沿海向内陆土壤质量逐渐增高，第3级土壤面积最大，除东部和西北部沿海外，遍布于黄河三角洲其他区域，园地的土壤质量平均值最高，沿海滩涂最低。

5

黄河三角洲生态系统脆弱性评估

5.1 生态系统脆弱性评价研究现状

生态系统脆弱性的定义由于不同学者、研究人员的研究方向、理解程度和研究角度等存在差异，至今仍未形成统一的意见。随着时代发展，人们对于生态系统脆弱性的理解也逐渐加深。

对于生态系统脆弱性的研究，最早可以追溯到20世纪初，由美国学者Clements将Ecotone（生态过渡带）这一术语引入到生态学中，但在之后的一段时间，Ecotone并未得到深入研究。20世纪60年代，美国海洋学家Carlson的《寂静的春天》（*Lonely Spring*）出版后，生态环境问题逐渐成为全世界关注的话题，生态系统脆弱性也随之受到重视。“国际生物圈计划”以及之后的“人与生物圈计划”和“国际地圈与生物圈计划”的开展对生态系统脆弱性的研究都起了推动作用。之后的一段时间内，有关生态系统脆弱性的研究也逐渐增多，1981年美国的Daniel和Thamas以及1991年俄罗斯的Kovshar和Zatoka分别对干旱环境下生态的脆弱性程度做了研究。

生态系统脆弱性评价被认为是生态系统脆弱性研究的核心和焦点，是伴随着生态系统脆弱性的研究逐步发展起来的。21世纪初，美国在社会经济和自然环境2个方面选取了26个指标建立了评价体系，利用模糊理论对大西洋中部地区的生态系统脆弱性进行了评价，为后来的相似评价提供了方法借鉴；之后的Collin和Mell从自然环境和土地利用方式上着手，对地下水生态系统脆弱性受污染压力影响的大小进行了研究；英国和澳大利亚等国家也相继开展了生态系统脆弱性方面的研究，选择的尺度均为国家尺度。随着相关研究成果的增多，研究领域和研究思路也越来越广阔，为其他国家和地区开展相关研究提供了理论和方法基础。

在全球气候变化大背景下，国外学者在生态系统脆弱性方面的研究方向也发生了转变，相关的气候要素都加入评价指标体系中（Cutter，2000），重点探索气候变化对生态环境造成了什么影响以及生态环境的变化规律等（Pandey，2015），研究领域包括了与气候有关的大部分生态类型，如海岸带、森林、土壤和水资源等。随着研究领域和研究思路的拓展，生态系统脆弱性研究方法也不断革新，大比例尺生态系统脆弱性图件不断出现，研究尺度也在不断减小，研究成果更为精细化（Petrosillo，2010；Aretano，2015）。计算机的发展尤其是3S技术的出现，为生态系统脆弱性研究注入新的活力，并能够实现多时相的生态系统脆弱性评价，进一步保证了生态系统脆弱性评价结果的科学性和现势性。

国内对于生态系统脆弱性的研究较国外稍晚，1989年牛文元首次引入了Ecotone概念，并将其定义翻译成生态过渡带的概念（牛文元，1989），而后又被命名为生态环境过渡带（赵哈林，2002；乔青，2008；蔡海生，2009）。国内的生态系统脆弱性研究虽然起步晚，但是发展迅速，伴随着“可持续开发”“西部大开发”和“科学发展观”等国家战略的实施，在国内多项研究中也取得了丰硕的成果，研究内容集中在生态系统自身的敏感性与外部干扰的相互作用以及人地系统的适应性等（徐广才，2009）。目前国内研究较多的区域主要集中在农牧交错带（乔青，2007b）、林草交错带（刘东霞，2008）、荒漠绿洲交接带（艾合买提·吾买尔，2010）以及湖泊湿地（Shao，2013）等；而针对滨海地区的生态系统脆弱性评估，目前研究有从海平面上升对周边湿地生态系统脆弱性的影响（崔利芳，2014；李莎莎，2014）以及对整个滨海湿地的脆弱性研究（伊飞，2011）。

评价指标体系的建立是进行生态系统脆弱性评价的重要组成部分，要保证选取的各指标具有充分的代表性、独立性和易获取性等。对于指标体系的类型可划分为单一类型区域指标体系和综合性指标体系。前者是基于研究区域的基础地理背景所建立的，结构简单，针对性强，同时又具有区域特点，在表达区域生态系统脆弱性方面具有很高的准确性；代表性研究包括王经民等（1996）构建的黄土高原水土流失区生态系统脆弱性的指标体系以及刘振乾等（2001）建立的湿地生态区脆弱性评价指标。而综合性指标体系则是在选取指标时综合考虑自然环境、人文、社会经济等多个方面（Hang，2009），同时也要考虑环境系统内部的功能和结构以及与外界大环境之间的联系等（Janssen，2006）；目前较为常见有成因及结果表现指标体系、“压力—状态—响应”指标体系和多系统评价指标体系等，相关的研究也较单一类型的指标体系研究多（冷疏影，1999；王让会，2001）。

科学合理的评价方法对于生态系统脆弱性评价的合理性及其结果的精确性具有重要影响（Tran，2002），随着3S技术的迅猛发展，利用3S技术实现评价因子信息的获取、处理和动态分析已经成为目前生态系统脆弱性研究的主要方法（Smith，2014），目前常用的评价方法有综合指数法、主成分分析方法、层次分析法、模糊数学法等，如陶希东等（2002）利用综合指数法对河西走廊的生态系统脆弱性进行了评价；黄淑芳（2002）在研究中将主成分分析方法应用到生态系统脆弱性评价中，并得到理想效果；陈晓等（2007）则在塔里木河下游的生态系统脆弱性评价过程中采用了层次分析法；而姚建等（2004）在闽江上游地区的生态系统脆弱性评价中采用了模糊数学的方法。另外，一些特殊方法在生态系统脆弱性评价中也得到了采用，并取得相应的效果，如潘竟虎等（2008）在黑河中游生态系统脆弱性研究中采用的方法是物元模型和熵权法；石青等（2007）采用灰色评估模型评价了神东矿区生态系统脆弱性水平；万星等（2006）应用集对分析方法对岷江上游生态系统脆弱性进行了评价；姚建（2004）在内蒙古磴口县和岷江上游的生态系统脆弱性评价中均采用了人工神经网络模型，其中在分析过程中还引入了投影寻踪聚类分析方法。

在黄河三角洲地区关于生态系统脆弱性所做的主要相关研究中，通过分析垦利土地利用现状，从环境脆弱性和社会脆弱性2个方面综合选取指标，运用层次分析法进行研究区生态系统脆弱性的分区，并探讨了各分区与土地利用类型之间的关系（王介勇，2005）；运用层次分析法，从区域稳定性、水资源、土壤、植被和人为因素5个方面选取指标对黄河三角洲的湿地脆弱性进行了评价（伊飞，2011）。

综上对生态系统脆弱性评价的研究综述，鉴于目前对生态系统脆弱性的定义尚未有统一标准，本研究在参考前期研究的基础上，特将生态系统脆弱性概念描述为：地区生态环境在受到外界干扰时，所表现出的抗干扰能力弱，受干扰后恢复能力低，容易发生状态转变，并且转变后很难恢复的性质特点，称作为生态系统脆弱性。生态系统脆弱性评价是一种综合性评价，评价内容包括自然和社会多方面的要素，评价方法也呈现出多样化，学者们根据对当下国际上所面临的共同生态环境问题的理解，根据自己选择的研究区特点、研究目的和所选指标来选择相应的评价方法，最后实现综合评价，综合各方法的理论和实际应用来看，基本遵循以下流程。

流程一，研究区的确定和研究区生态环境现状调查，可结合实地调查和遥感调查2种方式，主要总结研究区当前存在的生态环境问题。

流程二，根据生态环境问题，从多个方面选取评价指标，包括自然要素和社会经济要素，并进一步对比预选的指标，进行筛选，构建最终的指标体系。

流程三，选取权重设定方法，对评价指标进行比较，设定各指标的权重。

流程四，选择数学模型，建立生态系统脆弱性综合评价方法。

流程五，评价结果展示。

就各生态系统脆弱性综合评价方法看，大多数都采用加权求和方式获取最终的评价结果，公式如下：

$$\mathrm{EVI}=\sum_{i=1}^{n}A_i\times W_i$$

式中，W_i为指标i的权重，A_i为指标i的分值、等级、指标值或隶属度等，具体要视所选的评价方法要求。指标权重的设定方法也较多，但与综合评价方法多存在交叉，甚至某些方法是将两者做一并处理，先得出权重，然后再做综合评价，这在之后的综合评价方法介绍中将做详细说明。

5.2 生态系统脆弱性评价方法选择

5.2.1 常用的生态系统脆弱性评价方法

经查阅文献资料和总结前期专家的研究结果，对于至今在生态系统脆弱性评价中常用的评价方法分别做出描述和优缺点总结，如下所述。

模糊评价法，又称为模糊综合评价法。是将模糊数学作为理论基础，依据模糊关系的合成原理，从多个方面对评价对象在某个等级或范围内的隶属程度进行综合评价的方法。其主要思想为各指标具体的脆弱性程度和研究区整体的生态系统脆弱性高低具有精确和模糊，确定性和不确定性的特点，可以精确的表达，但有时却只能利用模糊的语言来描述，而将定性语义转变为定量数据时，就需要一定的数学模型，从而引入了隶属度的概念（Deng，1999；Chatterjee，2015）。其过程包括：确定因素集或指标集以及指标评判集，通过专家咨询、频度统计等方式确定各指标权重，选取适宜于各指标的隶属度函数进行复合运算，获取最终评价结果隶属度，按照标准确定最终级别分类（Han，2015）。该方法的优点在于适用尺度较广，既可以用于省、区等大范围区域，也可用于县、乡等小范围，另外该方法简单易行，隶属度的引入使得指标因子划分和评价结果更加贴近实际，但其对于指标脆弱度的灵敏性一直受专家诟病，会有一定的信息缺失。

定量评价法，也称为指数指标法。该方法注重对各方面要素的考虑来确定最终的生态系统脆弱性指标体系，包括生态暴露性、生态敏感性和生态适应能力等方面，各个方面又可以基于不同准则存在不同的表现形式，同时还要考虑不同指标获取的难易程度和可靠性等（Pei，2015）。如刘艳华从自然方面的脆弱程度（M_1）、人地关系方面的脆弱程度（M_2）、社会经济的脆弱程度（M_3）和环境恢复投入比例（M_4）4个方面构建脆弱度公式。

$$U=\sum_{i=1}^{n}M_i$$

目前应用广泛的是赵跃龙从脆弱环境成因和结果表现特征2个方面建立指标体系，并赋予权重，根据以下公式计算整体的生态系统脆弱性。

$$G=1-\sum_{i=1}^{n}P_i\times W_i\Big/\left(\max\sum_{i=1}^{n}P_i\times W_i+\min\sum_{i=1}^{n}P_i\times W_i\right)$$

式中，P_i为各指标初始化值，W_i为各指标权重值。该评价方法充分考虑了指标的易得性，运用方便快捷，但正是由于太过精细的考虑，使得最终选用的指标可能无法满足最终的生态系统脆弱性评价需要。

生态系统脆弱性指数法（EFI）。首先要对研究区生态环境有充分的实际调查，并根据相关的标准，确定用于评价的指标、指标权重和生态阈值；然后对各指标值进行标准化，采用的方法是对数标准化。

$$I_i=\log\frac{T_{i\max}}{T_{i\min}}\left(\frac{a_i}{T_{i\min}}\right),\ (0\leqslant I_i\leqslant 1)$$

式中，a_i为评价指标值，$T_{i\max}$和$T_{i\min}$为对应指标的阈值最大和最小边界，I_i为标准化之后的值。当a_i=$T_{i\max}$时，I_i=1；当a_i=$T_{i\min}$时，I_i=0。在此基础上构建生态系统脆弱性指数。

$$EFI=\sum_{i=1}^{n}C_iI_i\Big/\sum_{i=1}^{n}C_i$$

式中，C_i为指标的权重。该方法适用于区域内部生态环境脆弱度的比较，环境脆弱度与环境质量紧密联系，但该方法计算的是相对生态系统脆弱性，在不同区域之间没有可比性。

层次分析法（Analytic Hierarchy Process，AHP）。相对来说，层次分析法的应用范围最广，该方法的主体思想是建立层次关系，分为目标层、准则层和指标层（Ippolito，2010；Owoade，2014）。首先确定评价对象的影响因素，并划定各因素间的相互关系和层次级别，对同一层次级别的指标分别进行两两比较，利用相关的数学表达方式确定各指标的相对重要性数值，即各指标在同一级别指标体系内的相对权重，依次获取各级别内指标的相对权重，通过各层次级别之间指标权重的叠加相乘，最后获取各指标的综合权重。然后确定各指标分值，并划定各指标脆弱性等级和各等级的阈值范围，利用所有指标进行加权求和，即可得到总的脆弱性分值，按照划定的等级，对整个研究区的生态系统脆弱性进行空间和定量划分，得到最终的结果（Guo，2016）。与其说层次分析法是一种生态系统脆弱性评价方法，不如将其归类为一种权重设定方法。该方法的优点在于方法构建概念清晰，层次较为分明，逻辑合理，而且计算过程简单，应用范围广，实用性强等，但其缺点也最为明确，即确定指标之间的相互重要性过程完全依赖专家意见，人为主观影响太重，不同专家对不同指标具有的认知程度和偏好性差别很大，造成最后的指标权重结果具有可变性。

关联评价法或称为灰色关联度评价法。灰色系统理论是20世纪80年代初期由我国学者邓聚龙所创，它是用来解决如何利用局部的非全面信息完成整个区域的生态系统脆弱性评价，通过对已知的局部信息进行扩展，发现规律性的信息，并做进一步分析（杨涛，2001；Vermaat，2013）。在进行关联度分析时，往往需要对每一个指标建立一个标准级别或者标准指标量度，依次比较各评价单元指标距相应标准的距离或者隶属度，然后获取指标在不同单元之间的相对比重，即权重，利用公式计算出评价单元的生态系统脆弱性（Zheng，2015）。该方法的适用性和优点是可以进行生态系统内部和相邻生态系统间的比较，但缺点是计算过程复杂，涉及的内容繁多，需要有较强的数学知识积累。

主成分分析法。该方法是常用的统计分析方法，不单是在生态评价中，其在所有的高维数据进行降维处理过程中都可以应用（Chen，2013a）。基本原理是：原定的指标变量之间都可能会存在不同程度的相关性，若直接使用这些指标，会产生很大的数据冗余，造成最终结果的精确度降低，需要对这些指标进行处理，对相关性大的指标进行筛选或者分配比重，最大程度降低数据冗余，主成分分析法通过数据转换实现这一过程，相应地减少了变量数量，将原来的n个变量按照一定的线性组合转换到少数的m个主成分上，这些主成分之间相互独立，不存在相关性，即进行了指标的重新定义，而利用各主成分进行综合评价时的权重一般选用各主成分特征值或特征值贡献率标准化后的值（Hou，2015）。也有学者是利用主成分分析来筛选原有指标，在相关性大的几个指标之间进行删减，达到降低数据冗余的目的，各指标的权重选用主成分分析过程中各指标的公因子方差。在进行主成分分析之前，由于各指标量纲不统一，需要进行标准化，或者打分，而各主成分的分值即是各指标分值的线性组合，最后利用分值和权重进行加权求和，获取最终的生态系统脆弱性现状（Vermaat，2013）。该方法适用于基础资料比较全面的生态系统脆弱性评估，其优点是可对高维冗余的数据进行简化和最优组合匹配，缺点是会存在一定的信息损失。与层次分析法相似，该方法同样完成了权重的设定。

综合评价法。该方法认为生态环境脆弱是因为内部结构不稳定和对外界影响太过敏感，所以其脆弱性的现状、趋势和稳定程度作为外在表现，需要分别进行评价（Esperon-Rodriguez，2015；Letsie，2015）。其中现状评价是根据指标的现状值，获取各指标对某稳定性级别的隶属度；趋势评价主要是获取各指标变化的波动性和指标变化的方形和速率；稳定性评价采用分形理论，获取与稳定性相关的分维数，用分维数的大小说明生态系统的稳定性（Pavlickova，2015）。综合评价法考虑的问题较全面，评价结果综合性和逻辑性高，适用于有充足基础资料的区域，需要研究区有长期连续的资料收集，此外该方法比较复杂，涉及方面过多，这也限制了该方法的推广和应用，很难在大范围内使用。

问卷调查法。目前对生态系统脆弱性的评价是从原来的定性评价逐渐转换到定量评价，使得研究人员和用户对某地区生态系统脆弱性状况有更为清楚的认识。但目前采用问卷调查定性描述某区域生态系统脆弱性状况的研究依然很多，多是对社会经济方面以及潜在灾害对影响区域危害性大小定性描述方面的调查（Wang，2012；Frigerio，2016），比如说，河流发生洪灾后某地区的居民应对灾害的首选措施是什么、对自己的人身和财产损失进行预估以及以后会采取什么应对和防御措施等（Fatoric，2012；Wolters，2015；Wolters，2016），还有的是调查风向、地质条件和潮汐规律对不同海岸生态系统脆弱性的影响差别调查等（Frihy，2013）。问卷调查方式可以获取评价区域更为真实可靠的第一手资料，但是这种方法所耗费的人力、物力和时间成本太大，而且不同的人对问卷的回应态度和真实性具有较大差异性，有时会导致收集的资料出现矛盾和混乱，从而失去可用性；另外，定性的描述某地区的生态系统脆弱性始终会使得用户感到模糊，而且不同地区之间脆弱性的对比也较难实现。

其他方法。其他的生态系统脆弱性评价方法，有的是太过简单，如基于3S（RS、GIS和GPS）评价方法，作者认为该方法已经不算是一个纯粹的评价方法，在其他众多方法中都会用到3S技术，如野外调查一般需要遥感影像和GPS定位，回到室内对这些数据进行空间处理就需要用GIS作为一种工具手段，而最终使用的方法却是其他的评价方法（Kuenzer，2014）；另外一些方法则是太过复杂或者应用范围较小，如投影追踪方法（Letsie，2015），神经网络法等（Schaubroeck，2012），在此不做详细介绍。

5.2.2 评价方法选取

综合上述对各生态系统脆弱性评价方法的描述和优缺点对比，采用模糊评价法与层次分析法相结合来研究黄河三角洲的生态系统脆弱性，从指标选取、权重确定到最终的综合评价，整个过程都参照2种方法进行处理，选用2种方法相结合的原因，一是利用模糊三角函数作为层次分析法中指标重要性比较的赋值方式，可以降低单纯用层次分析法设定权重时人为主观作用太强的缺点（Wang，2007；Li，2009）；二是层次分析法的加入为模糊评价法选取指标时提供了更清晰的思路和逻辑，指标框架更明确（Chatterjee，2015）；三是两者相结合贯穿于整个评价过程，提高了整体效率（Chang，1996）。2种方法相结合的具体细节在之后的各部分运用中将做详细介绍。

5.3 评价指标选取

如上文所述，生态系统脆弱性评价指标和因子选取的合理性和科学性，决定着评价过程的可行性以及评价结果的可靠性，具体的指标选择要针对研究区所面临的主要生态环境问题，从不同的自然条件和社会经济方面选取指标。

5.3.1 黄河三角洲主要生态环境问题

目前黄河三角洲所面临的主要生态环境问题包括以下几个方面。

第一，海洋潮汐和风暴潮对黄河三角洲不断侵扰，在黄河三角洲北部沿海、黄河入海口两侧以及其他未建防潮堤的沿岸，陆地不断受海水侵蚀而使得海岸后退，尤其遇到大的风暴潮时，海水向陆地侵入约几十千米，造成陆地原有生态环境受到破坏，同时造成其他社会基础设施的损坏。

第二，黄河三角洲气候属于温带季风性大陆气候，冬季干燥，夏季多雨，降雨时间较为集中，地势低洼处易积水成涝，黄河属于地上悬河，在雨季河流水量较大，对河流两岸一直存在洪涝灾害的威胁。黄河三角洲年均蒸发量远大于降水量，整体较为干燥，不利于植被生长。

第三，由于黄河三角洲靠近沿海，整体地势低平，地下水埋深较浅，地下水矿化度普遍较高，结合上述黄河三角洲蒸发量大于降水量的气候特点，地下水中所含矿化物随土壤水分的蒸发向土壤表层移动，逐渐集聚造成土壤不同程度的盐碱化。

第四，由土壤质量评估结果和上述气候与地下水特征的描述可知，土壤盐碱化是黄河三角洲面临的一个重要生态环境问题，不同的土壤类型和土壤质地对土壤含盐量的空间分布均会产生影响；除这些自然要素外，人类活动对土壤盐碱化的影响也不可忽略，主要来自人类对不适宜种植的土地的开垦和弃耕，包括滥垦、游垦以及撂荒等造成土壤的次生盐渍化。

第五，人类开发活动对黄河三角洲自然生态环境的改变越来越大，除2个自然保护区（黄河口自然保护区和一千二自然保护区）外，其他地区被开发程度均较高，包括石油开采、工业厂房建设、盐田建设、海水养殖和堤坝道路建设等，一方面是将自然湿地景观转变成非湿地类型，另一方面是将自然湿地转变成人工湿地，尤其是近些年盐化工和养殖业的开发，占用了大量沿海区域的沼泽和草甸，造成黄河三角洲地面植被覆盖度降低，净初级生产力下降，不利于保持生态环境的稳定性。

第六，人口的不断增加意味着需要更高的土地产出来满足人类的生产和生活需求，在加大开垦耕地面积的同时，化肥和农药的施用量也逐渐增加，不同程度地污染了周边环境；另外，工业开发虽然增加了地区的经济收入，但黄河三角洲多个县区的工业用地均对地下水、土壤和大气造成了污染；这种农业面源污染和工业点源污染都加剧了黄河三角洲生态环境的脆弱性。

5.3.2 评价指标体系建立

从以上对黄河三角洲存在的生态环境问题总结来看，各个问题都会对生态系统脆弱性产生影响，包括地下水状况、土壤、土地利用状态、地形地貌、植被覆盖、社会经济、气候和海洋影响。本书针对这8个方面，依照科学性、独立性、系统性、客观性和易获取性等原则，同时根据层次分析法的架构，从“压力—状态—响应”模式体系出发，初步构建用于黄河三角洲生态系统脆弱性评估的评价指标体系，预选指标共42个，通过对各指标进行处理分析后，最终筛选出21个指标，将土壤要素也设定为一种压力，主要考虑到部分区域的土壤质量或土壤含盐量均成为黄河三角洲生态安全的限制因素，将第4章得到的土壤质量结果作为一种评价指标应用于生态系统脆弱性评价；考虑到土壤含盐量是黄河三角洲重要的特色指标，所以土壤含盐量也选入到指标体系中，另外生态系统脆弱性评估时仅用土壤质量并不能完全突出土壤含盐量的重要性。

具体的指标体系如图5.1和表5.1所示，图中目标层即为生态系统脆弱性评估，准则层由压力、状态和响应组成，考虑到各一级指标在不同情况下均可以属于任一个准则，并未将其单列到某个具体的准则下。

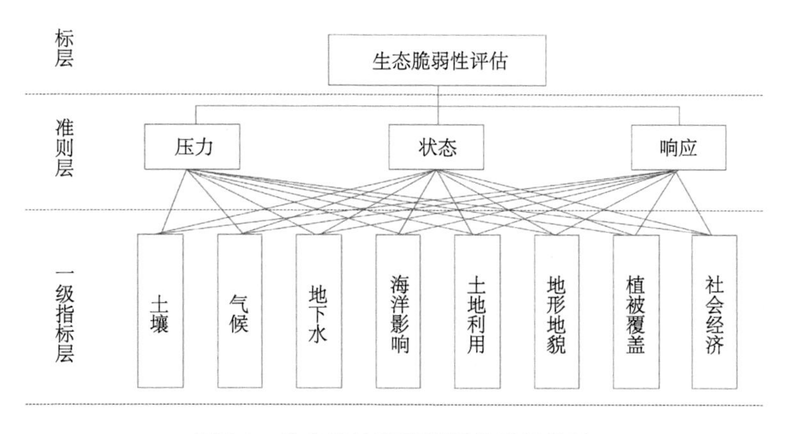

图5.1 生态系统脆弱性评价指标体系

表5.1　生态系统脆弱性评价指标体系

一级指标	二级指标	一级指标	二级指标
地下水	地下水位	土地状况	土地垦殖率
	地下水矿化度		人类干扰指数
土壤条件	土壤类型		土地利用
	土壤质地		水渠网密度
	土壤质量	植被	植被覆盖度
	土壤含盐量	社会经济	人口密度
海洋影响	距海岸距离		道路网密度
	海洋侵蚀系数		GDP密度
气候	降水量	地形地貌	高程
	≥10 ℃活动积温		地貌类型
	干燥度		

5.3.3　数据获取与处理

根据构建的评价指标体系，利用现有的基础地理数据和遥感数据，再通过查阅社会经济统计数据等，完成各指标值的获取和处理分析，具体如下所述。

5.3.3.1　地下水位及地下水矿化度

中国科学院地理科学与资源研究所陆续在黄河三角洲布设了22眼地下水监测井，但由于部分监测井年份已久或遭到人为破坏，目前能用于地下水数值模拟的观测井仅16眼，每个井位监测的参数包括地下水埋深、地下水电导率、地下水矿化度，pH值等。利用2014年全年已有的监测指标平均值进行克里格插值，获取整个黄河三角洲的地下水埋深和地下水矿化度空间分布状况，如图5.2所示。

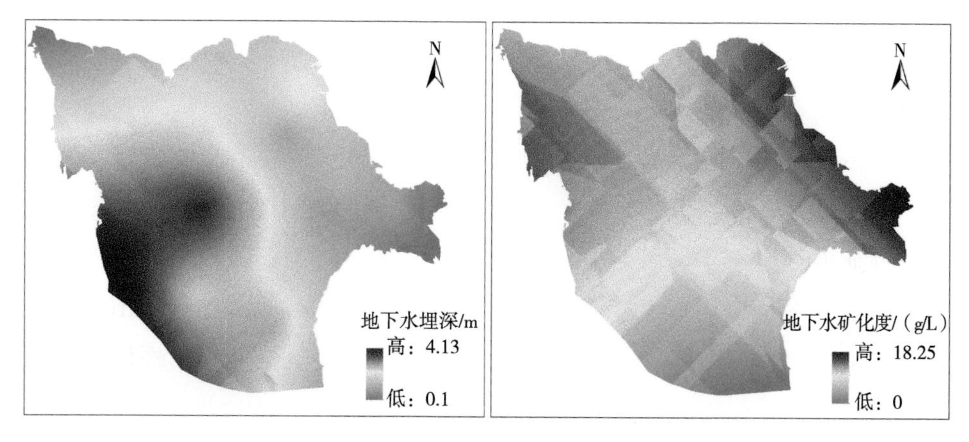

图5.2 地下水要素空间分布

由图5.2可以看出，黄河三角洲地下水埋深具有明显的空间分布规律，整体上是从沿海至内陆埋深逐渐增加，直至黄河三角洲西部边界处最深为4.13 m，黄河入海口和西北部最小，而东北部由于五号桩井位点位于一高岗上，监测的地下水位距离井口较深，但现在该井位点已经遭到破坏，无法获取该点位的具体高程和井口高度，所以显示的该点周边地下水埋深相对较深，但整体上的影响不大。由于在各井位监测的地下水矿化度大小各异，并且不存在空间上的规律，所以黄河三角洲地下水矿化度经插值后的空间分布规律性也不强，目前，对于地下水矿化度或者地下水盐分与地下水埋深，以及与其他环境要素仍未有明确关系，地下水矿化度的空间分布状况完全依赖于各井位点的插值结果。

5.3.3.2 海洋侵蚀系数和距海岸距离

通过收集黄河三角洲1984—2014年的13期遥感影像数据，利用平均高潮线法获取13期的海岸线分布形态（部分数据引自常军2004年成果），并将相邻年份的海岸形态相交叉，获取海岸发生变化的区域的空间位置，依次统计整个黄河三角洲海岸每个位置在12个时间段内发生变化的次数比例，将其作为海岸侵蚀系数。距海岸距离是以2014年海岸线为基准，利用ArcGIS中的欧氏距离模块计算黄河三角洲各位置与海岸线的距离（图5.3）。

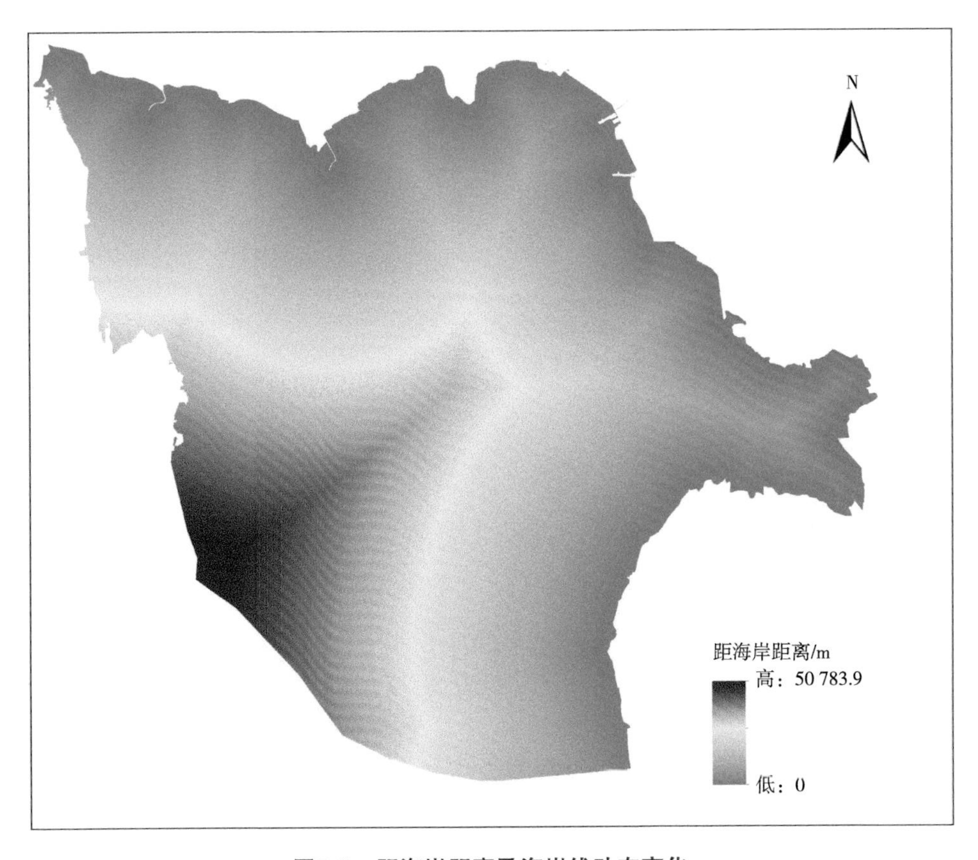

图5.3　距海岸距离及海岸线动态变化

从图5.3可以看出，黄河三角洲海岸线动态变化频率高，形态各异，黄河入海口处最为明显，由20世纪80年代的向东南延伸突出的海岸线逐渐演变成现在向东南和东北2个方向凸起的鸭嘴形海岸，东北部沿海堤坝的建设有效阻止了海水对海岸线形态的改变，而在没有堤坝防护的北部沿海，海岸线变化幅度大，变化频度高。

5.3.3.3　气候要素

相对于国家温度带的划分来说，黄河三角洲虽然整体范围不大，属于暖温带，但在空间上的降水和积温等也存在细微差异。气象数据主要从各气象站点的统计资料中获取，由于黄河三角洲内部国家气象站较少，无法满足需要，需另从周边地区选取站点，总计13个气象站点，分布如表5.2所示。

表5.2　研究中选取的气象站点

编号	名称	经度/°E	纬度/°N
54832	寿光	117.82	36.85
54831	青州	118.50	36.85
54744	垦利	118.37	37.48
54723	阳信	117.57	37.65
54722	无棣	117.62	37.75
54628	海兴	117.49	38.15
54734	滨州	118.00	37.36
54624	黄骅	117.35	38.37
54725	惠民	117.52	37.50
54736	东营	118.67	37.43
54753	龙口	120.32	37.62
54539	乐亭	118.88	37.43
54623	塘沽	117.72	39.05

从中国气象数据网（http://data.cma.cn/site/index.html）下载各站点统计的累年日均气温和累年日均降水量，统计得到相应的年均≥10 ℃积温和年均降水量，采用克里格插值获取2个指标在黄河三角洲的空间分布状况。干燥度是表征一个地区干湿程度的指标，其倒数即为湿润度，干燥度的计算方法有多种，选用于黄河三角洲的方法为Selianinow干燥度，该方法利用积温和降水量计算干燥度。

$$K=\frac{0.16\times(\text{全年}\geqslant 10\ ℃\text{积温})}{\text{全年}\geqslant 10\ ℃\text{期间的降水量}}$$

同样利用克里格插值完成干燥度的空间扩展，3个指标的空间分布状况如图5.4所示。

表5.3　河流缓冲区居住地密度系数

乡镇	缓冲区									
	1	2	3	4	5	6	7	8	9	10
陈庄	61.83	99.35	174.74	0	0	0	0	0	0	0
东营城区	373.92	436.8	290.14	183.4	122.55	95.05	0	0	0	0
刁口	7.43	0	0	0	0	0	0	0	0	0
孤岛	90.05	35.78	18.27	0	0	0	0	0	0	0
河口城区	37.26	133.61	198.49	0	0	0	0	0	0	0
黄河口	3.7	16.57	10.03	19.76	7.94	16.11	19.96	0.65	0	0
垦利城区	180.39	147.24	132.83	30.45	0	0	0	0	0	0
六户	51.97	36.09	35.75	91.33	21.71	0	0	0	0	0
胜坨	70.12	222.47	198.75	0	0	0	0	0	0	0
汀罗	46.26	74.37	85.56	0	0	0	0	0	0	0
仙河	34.54	7.53	8.26	1.98	0.7	0.09	0	0	0	0
新户	16.37	13.07	33.47	0	0	0	0	0	0	0
盐窝	76.79	103.34	127.28	0	0	0	0	0	0	0
义和	41.28	112.19	70.5	0	0	0	0	0	0	0
永安	63.01	50.27	40.88	47.42	18.97	23.97	13.5	7.89	4.88	10.22

表5.4　道路缓冲区居住地密度系数

乡镇	缓冲区								
	1	2	3	4	5	6	7	8	9
陈庄	111.49	47.44	0.98	14.75	0	0	0	0	0
东营城区	438.97	125.84	35.6	4.39	0	53.86	50.8	0	0
刁口	26.93	0.76	5.59	6.04	2.16	0	0	0	0
孤岛	82.76	64.47	23.24	0	0	0	0	0	0
河口城区	126.01	18.94	8.3	5.48	6.57	0.03	0.15	0.7	0
黄河口	27.63	7.88	1.94	1.28	1.11	0.62	0.27	0.11	0
垦利城区	183.03	50.07	37.66	0	0	0	0	0	0
六户	83.94	25.78	3.8	0	0	0	0	0	0

续表

乡镇	缓冲区								
	1	2	3	4	5	6	7	8	9
胜坨	136.67	27.59	7.24	22.41	15.41	5.03	92.36	78.81	198.47
汀罗	88.8	31.35	19.31	4.87	0.47	0	0	0	0
仙河	24	17.94	1.95	0.31	0.4	1.76	0.12	0	0
新户	46.11	16.24	10.99	4.68	7.42	1.73	0.04	0.15	0
盐窝	119.11	66.39	40.16	35.04	12.06	0	0	0	0
义和	83.98	45.95	28.07	0	0	0	0	0	0
永安	69.38	9.69	6.63	10.28	8.11	3.34	34.02	36.96	0

表5.5 海岸线缓冲区居住地密度系数

乡镇	缓冲区											
	1	2	3	4	5	6	7	8	9	10	11	12
陈庄	0	0	0	0	0	3.51	41.75	114.04	147.67	0	0	0
东营城区	9.92	173.08	0.25	466.41	612.58	375.27	236.99	560.42	398.03	0	0	0
刁口	2.3	12	33.92	0	0	0	0	0	0	0	0	0
孤岛	0	0	63.81	73.62	132.29	13.58	0	0	0	0	0	0
河口城区	0	1.14	4.93	119.13	87.04	108.96	0	0	0	0	0	0
黄河口	1.27	8.8	20.55	25.58	31.1	2.7	0	0	0	0	0	0
垦利城区	0	0	0	13.83	47.08	130.01	233.14	274.84	14.46	0	0	0
六户	9.42	28.33	0.22	15.41	98.09	100.61	72.19	41.64	0	0	0	0
胜坨	0	0	0	0	0	0	0	168.98	159.68	88.87	35.39	57.09
汀罗	0	0	0	0	34.99	42.41	68.39	93.67	0	0	0	0
仙河	2.66	9.35	58.79	4.63	1.9	0	0	0	0	0	0	0
新户	0.05	3	34.54	50.11	52.77	45.08	0	0	0	0	0	0
盐窝	0	0	0	0	0	41.98	76.71	84.16	90.4	115.07	65.51	0

续表

乡镇	缓冲区											
	1	2	3	4	5	6	7	8	9	10	11	12
义和	0	0	0	36.24	85.68	65.17	90.45	0	0	0	0	0
永安	9.39	31.46	33.61	45.14	62.34	27.86	0	0	0	0	0	0

为获得更为详细的人口空间分布状况，将居住地类型划分为城市居住地、农村居住地和远离居住地区域3种类型。根据城市、乡镇和农村的聚集性和分散性特点，城市地区不做缓冲区，对乡镇居住地以300 m为缓冲区作为乡镇居住地面积进行乡镇人口密度计算，以200 m为缓冲区作为农村居住地面积，其他地方均作为远离居住地区域。各居住的类型的人口分配方面，城市居住地和乡镇居住地均以统计的各乡镇和县（区）辖区的乡镇人口为基础，将统计的农村人口按照一定比例分配到农村居住地和远离居住地区域，经验证，当农村人口密度与远离居住地区域人口密度成12：1时，与对应的所有乡镇的整体人口密度相关性最强，相关系数达到0.96，如此便获得各居住地类型的人口密度，如表5.6所示，同样将各居住地人口密度数据转换成30 m×30 m的栅格数据，并将其与上述3种环境要素下的居住地密度系数相乘，获得各要素上的人口分配比例。

表5.6　各居住地类型人口密度　　单位：人/km^2

乡镇	居住地类型		
	城镇	农村	远离居住地区域
新户	500.79	234.3	19.53
仙河	6 087.92	30.01	2.5
刁口	825.32	142.03	11.84
义和	1 345.33	430.71	35.89
黄河口	1 214.07	108.72	9.06
孤岛	979.92	324.2	27.02
汀罗	1 031.92	483.66	40.3
陈庄	1 101.73	510.88	42.57

续表

乡镇	居住地类型		
	城镇	农村	远离居住地区域
盐窝	3 455.47	530.33	44.19
垦利	577.93	392.63	32.72
永安	729.61	204.2	17.02
胜坨	616.94	1 349.91	112.49
东营与河口城区	1 990.98	1 215.74	101.31
六户	198.45	229.68	19.14

每个研究单元即每个栅格单元上的人口分配比例是3种环境要素的人口分配比例的加权求和，将三者的权重设为相同，即求和平均$d=(a+b+c)/3$。分别统计各乡镇内总的人口分配比例，之后利用每个乡镇的总人口×d/［对应乡镇总人口分配比例×栅格面积（km^2）］，即可获得相应的人口密度最终结果，如图5.5所示。

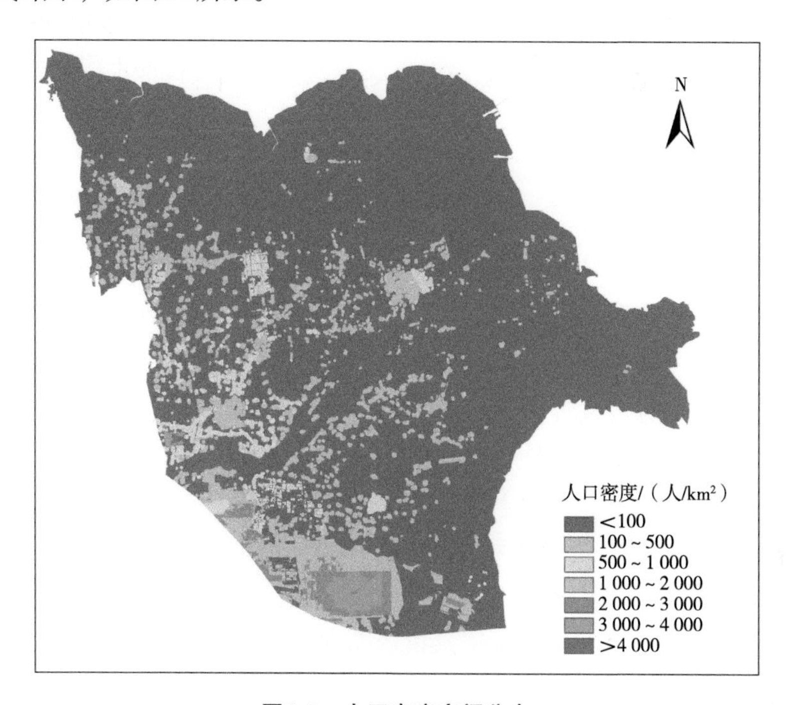

图5.5　人口密度空间分布

由图5.5可知，黄河三角洲人口分布不均衡，东部和北部沿海人口稀少，西部和南部内陆人口集中，人口呈现出向城市和乡镇聚集的特点，人口密度最大的区域是仙河镇，该镇由于乡村改造，将该镇所有居住地都集中至乡镇周边，使得单位面积内的人口数量陡增，人口密度相对其他地区最大。

经查阅黄河三角洲各区县的社会经济统计资料，以及各类型的统计年鉴发现，GDP数据均以县级行政区为单元做的统计，各种资料对三级产业的GDP说明并不详细且有很多缺漏，结合土地利用数据完成GDP空间化的方法无法实现。参照人口空间化结果，针对黄河三角洲特点和实际情况，认为人口多的区域GDP相对高些，首先以各区县总GDP除以对应区县的总人口，即获取各区县的人均GDP，再与人口密度数据相乘，即为GDP密度，最后转换成30 m×30 m的栅格数据。

5.3.3.5 植被覆盖度

目前常用的数据源是遥感影像，以Landsat TM数据为基础，利用以下公式获取黄河三角洲的归一化植被指数（NDVI）：

$$NDVI=(NIR-RED)/(NIR+RED)$$

NDVI值大小处于-1到1之间，小于0的为非植被区域，大于0时，值越大代表植被覆盖面积越大，植被越多，接近于0时代表土壤或裸地。利用NDVI计算植被覆盖度的公式为：

$$VFC=(NDVI-NDVI_{soil})/(NDVI_{veg}-NDVI_{soil})$$

式中，$NDVI_{soil}$是土壤表面完全为裸土或无植被覆盖时的NDVI值，$NDVI_{veg}$为土壤表面完全被植被覆盖时的NDVI值，由于裸土的NDVI值会受到地表温度、粗糙度和土壤类型影响，植被区域的NDVI值会受到冠层形态和植被类型的影响，获取两者的具体数值存在较大困难，所以在本研究中将$NDVI_{veg}$和$NDVI_{soil}$分别设定为黄河三角洲的NDVI最大值和正的最小值，NDVI小于等于0的区域直接设定其覆盖度为0。最终的植被覆盖度空间分布如图5.6所示。

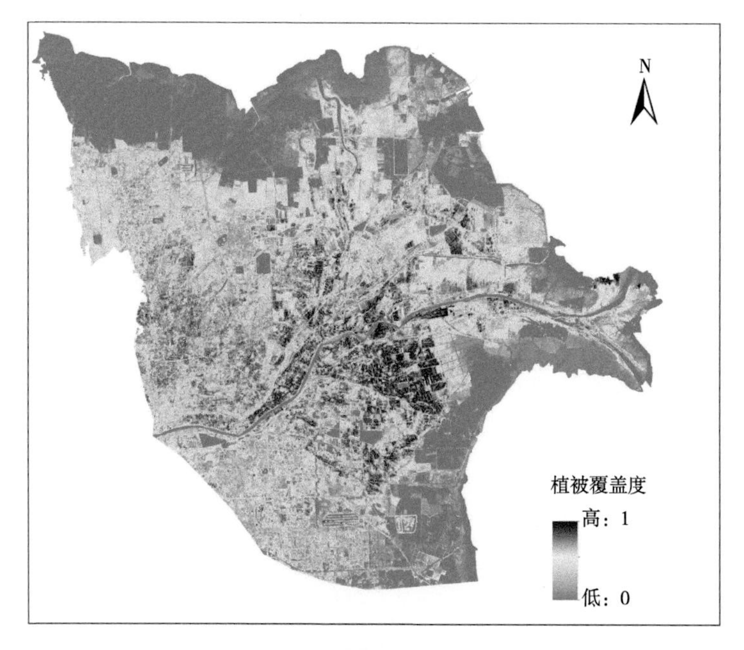

图5.6 植被覆盖度空间分布

整体上黄河三角洲中部植被覆盖度较高，相对来说沿海区域多为养殖和盐田，植被生长较少，植被覆盖度几乎为0；河流两岸植被生长较好，甚至是在黄河入海口处的高地上生长有很密的翅碱蓬，所以显示出很高的覆盖度，在西南部多为城市和乡镇密集区，植被相对较少，覆盖度低。

5.3.3.6 其他要素

土地垦殖率、人类干扰指数、道路密度和水渠网密度数据源均为解译的黄河三角洲土地利用现状数据，均以乡镇为统计单元。土壤要素和地形要素来自相关数据库。

土地垦殖率是指研究单元内土地被开垦的面积比例，即：

土地垦殖率=（农田面积+园地面积）/土地总面积

人类干扰指数是指研究单元内人工开发用地的面积占用总面积的比例，即：

人类干扰指数=（垦殖用地面积+建设用地面积+人工湿地面积）/土地总面积

其中垦殖面积包括农田和园地，建设用地面积包括居住地、交通用地、采矿用地和港口码头等，人工湿地包括养殖、盐田、水库和沟渠等。

道路网密度和水渠网密度是指其在各研究单元内的长度与研究单元面积的比例，单位为km/km^2。

土壤要素：土壤质量和土壤含盐量均采用野外采样点进行插值和评价后的土壤含盐量空间分布与土壤质量评级结果，土壤类型和土壤质地数据来自GIS专题数据库。

地形要素：高程信息即黄河三角洲DEM和微地貌数据来自中国科学院地理科学与资源研究所资源环境数据中心（http://www.resdc.cn/）的全国数据，利用黄河三角洲的范围切割获得。

5.4 指标权重设定

利用模糊理论与层次分析法相结合进行各指标权重的设定，即模糊层次分析法，但对该方法进行了扩展，在指标间相互比较重要性时的赋值方式不同，扩展的模糊层次分析法将两两比较的值用三角函数表示，是表示一个指标相对另一个指标重要程度的隶属概率，而不是一个具体的值，这样就消除了层次分析法中相互比较结果太过绝对而产生的误差，同样也省去了进行多次一致性检验的麻烦。

5.4.1 模糊层次分析法

该方法需要多个步骤，以下为详细介绍。

步骤一，构建重要性（优先级别）对比矩阵。矩阵中元素的数值形式设置为三角模糊函数，其是引用的模糊集理论，采用三角函数的3个顶点对应的横坐标的值（l，m，u）来表示，如图5.7所示。

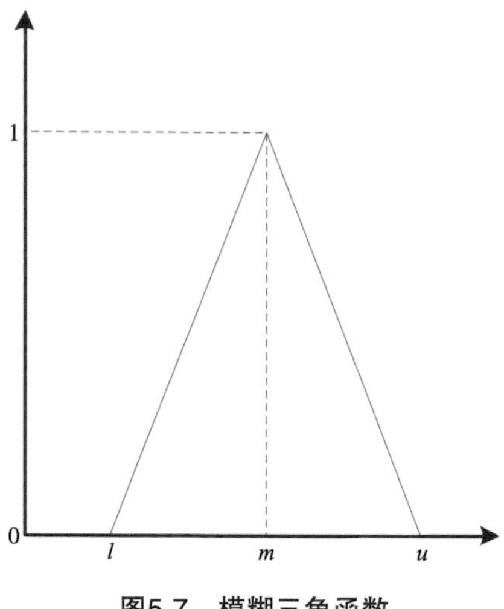

图5.7　模糊三角函数

图5.7所对应的函数为：

$$\mu(x)=\begin{cases}\dfrac{x-1}{m-l} & x\in[l,\ m]\\ \dfrac{u-x}{u-m} & x\in[m,\ m]\\ 0 & 其他\end{cases}$$

l和u分别代表某要素在黄河三角洲生态系统脆弱性评价中的脆弱性适宜最小和最大范围，即当要素值小于l或者大于u时，即为极度脆弱或者不脆弱，而当在l和u之间时，$u(x)$函数值就是该要素脆弱性隶属度的值，或者称为脆弱的概率；而在权重设定过程中，该函数即为某要素相对另一要素重要性的隶属度概率，通常就用矩阵的形式表示，即（l, m, u），该矩阵可进行数学运算，并且有以下规律：

$$(l_1, m_1, u_1)+(l_2, m_2, u_2)=(l_1+l_2, m_1+m_2, u_1+u_2)$$

$$(l_1, m_1, u_1)-(l_2, m_2, u_2)=(l_1-l_2, m_1-m_2, u_1-u_2)$$

$$(l_1, m_1, u_1)\times(l_2, m_2, u_2)=(l_1\times l_2, m_1\times m_2, u_1\times u_2)$$

$$(l, m, u)^{-1}=(\frac{1}{u}, \frac{1}{m}, \frac{1}{i})$$

步骤二，模糊扩展值计算。在很多的评价研究中，按照层次分析法建立的指标体系中往往具有多个目标或者子目标，并且所有指标均可隶属于每个目标，为此设定X为指标集，O为目标集，即$X=\{x_1, x_2, \cdots x_n\}$，$O=\{O_1, O_2, \cdots O_m\}$，所以对于每个目标$O_j$，均存在指标间的对比矩阵（表5.7）。

表5.7　模糊层次分析法指标间对比矩阵

O_j	x_1	x_2	x_n
x_1	(l_{11}, m_{11}, u_{11})	(l_{12}, m_{12}, u_{12})	(l_{1n}, m_{1n}, u_{1n})
x_2	(l_{21}, m_{21}, u_{21})	(l_{22}, m_{22}, u_{22})	(l_{2n}, m_{2n}, u_{2n})
x_n	(l_{n1}, m_{n1}, u_{n1})	(l_{n2}, m_{n2}, u_{n2})	(l_{nn}, m_{nn}, u_{nn})

而且$\mu(x_{21})=[\mu(x_{12})]^{-1}$，即对角线两侧所对应的元素是互逆的。在每个目标下，每个指标均可获取其累计扩展值M_{gi}^k，（k=1, 2…, m; i=1, 2, …, n）如在第j个目标下第i个指标的累计扩展值为：

$$M_{g_i}^j=(l_{i1}+l_{i2}+\cdots+l_{in},\ m_{i1}+m_{i2}+\cdots+m_{in},\ u_{i1}+u_{i2}+\cdots+u_{in})=\left(\sum_{\alpha=1}^{n}l_{i\alpha},\ \sum_{\alpha=1}^{n}m_{i\alpha},\ \sum_{\alpha=1}^{n}u_{i\alpha}\right)$$

而矩阵整体的累计扩展值为：

$$\sum_{i=1}^{n}\sum_{\alpha=1}^{n}M_{gi}^j=\left(\sum_{i=1}^{n}\sum_{\alpha=1}^{n}l_{i\alpha},\sum_{i=1}^{n}\sum_{\alpha=1}^{n}m_{i\alpha},\sum_{i=1}^{n}\sum_{\alpha=1}^{n}u_{i\alpha}\right)$$

每个指标的综合扩展值可通过以下公式进行计算：

$$S_i=M_{g_i}^j\times\left[\sum_{i=1}^{n}\sum_{\alpha=1}^{n}M_{g_i}^j\right]^{-1}$$

步骤三，指标间的综合比较。假设存在2个模糊数$S_1=(l_1, m_1, u_1)$和$S_2=(l_2, m_2, u_2)$，$S_1\geqslant S_2$的概率大小可表示为：

$$V(S_1\geqslant S_2)=sup\left\{min\left[\mu_{S_1}(x),\ \mu_{S_2}(y)\right]\right\},\ x\geqslant y$$

对于上式有以下几种规定类型：

如果存在一对（x，y）使得$x\geqslant y$，且$\mu_{S_1}(x)=\mu_{S_2}(y)=1$，即$x=m_1$，$y=m_2$，

那么$V(S_1 \geq S_2)=1$；

如果存在一对（x，y）使得$x<y$，且$\mu_{S_1}(x)=\mu_{S_2}(y)=1$，即$x=m_1$，$y=m_2$，那么$V(S_1 \geq S_2)$即为2个函数交叉点$a$处的高度值$H$（图5.8），根据相似多边形的定理和性质可以得到：

$$V(S_1 \geq S_2)=H=\frac{l_2-l_1}{(m_1-u_1)-(m_2-u_2)}$$

但是当$l_1 \geq u_2$时，2个函数无交叉，$V(S_1 \geq S_2)=0$。

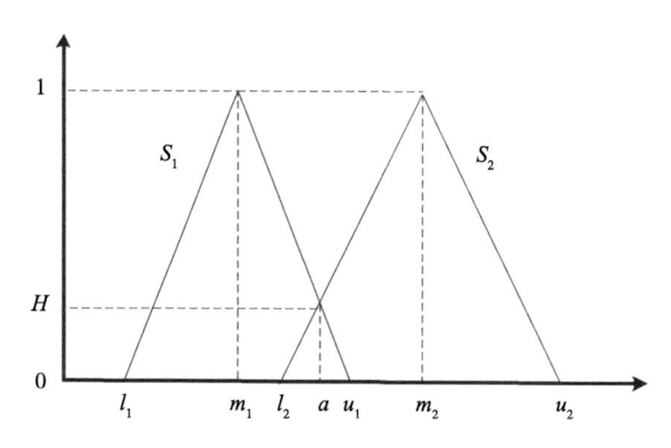

图5.8　三角函数交叉运算

综合整理如下：

$$V(S_1 \geq S_2)=hgt(S_1 \cap S_2)=\mu_{S_1}(a)=\begin{cases} 1,\ m_1 \geq m_2 \\ 0,\ l_2 \geq u_1 \\ \dfrac{l_2-u_1}{(m_1-u_1)-(m_2-l_2)}，其他 \end{cases}$$

步骤四，指标权重的设定。评价指标体系下，每个指标均存在综合扩展值S_i，均可与其他指标的综合扩展值相比较，$V(S_i \geq S_k)$, $i \neq k$, $k=1, 2, \cdots n$，设d_i'为S_i与其他综合扩展值比较后的最小值，为一个确定的数值而并不是模糊函数，即：

$$d_i'=min\,[V(S_i \geq S_k)],\ i \neq k,\ k=1, 2, \cdots n$$

所以目标j下各指标的权重矩阵可表示为：

$$W'=(d_1', d_2', \cdots, d_n')^T$$

经标准化后确定各指标的最终权重：

$$W=(d_1', d_2', \cdots, d_n')^T$$

在各指标间进行综合扩展值的比较时，会产生$V(S_i \geqslant S_k)=0$，导致$d_i'=0$，从而使得最终的权重不合理，在这种情况下需要对指标对比矩阵中的元素进行标准化处理，即可避免最终权重出现0的情况。

5.4.2 各指标权重设定过程与结果

按照上述对模糊层次分析法的描述，对建立的指标体系进行权重设定，具体步骤如下。

步骤一，构建各指标的重要性对比矩阵。本研究参考Kahraman C设定的模糊层次分析法中模糊重要性对比赋值规则进行对比矩阵的设定，如表5.8所示。

表5.8 模糊层次分析法指标对比矩阵赋值规则

重要性级别	模糊函数
同一指标	（1，1，1）
两者同等重要	（1/2，1，3/2）
前者稍微重要	（1，3/2，2）
前者明显重要	（3/2，2，5/2）
前者强烈重要	（2，5/2，3）
前者极端重要	（5/2，3，7/2）

按照表5.8中重要性对比原则，参考与黄河三角洲生态评价相关的文献资料以及国内外类似研究成果，预先设定重要性对比矩阵，然后请教有关黄河三角洲研究的专家，包括水文气候专家、土壤专家、海岸带专家、土地资源专家和遥感专家等，多次修改对比矩阵，最终确定了生态系统脆弱性评估指标体系的重要性对比矩阵，由于目标层下并未有次级目标，所以，只需按照上述步骤获取指标权重即可。各一级指标对比矩阵如表5.9所示。

表5.9 一级指标间对比矩阵结果

目标	地下水	土壤条件	海洋影响	气候	土地	植被	社会经济	地形地貌
地下水	（1，1，1）	（1/2，2/3，1）	（5/2，3，7/2）	（3/2, 2, 5/2）	（1/2，2/3，1）	（2/3，1，2）	（3/2，2, 5/2）	（3/2，2，5/2）
土壤条件	（1，3/2，2）	（1，1，1）	（5/2，3，7/2）	（2，5/2，3）	（3/2，2，5/2）	（3/2，2，5/2）	（5/2，3, 7/2）	（5/2，3，7/2）
海洋影响	（2/7, 1/3, 2/5）	（2/7, 1/3, 2/5）	（1，1，1）	（1, 3/2, 5/2）	（2/5, 1/2, 2/3）	（1/3, 2/5, 1/2）	（1/2，2/3, 1）	（1/2，2/3，1）
气候	（2/5, 1/2, 2/3）	（1/3, 2/5, 1/2）	（2/5，2/3，1）	（1，1，1）	（2/5, 1/2, 2/3）	（1/2，1，3/2）	（1/2，2/3, 1）	（2/5, 1/2, 2/3）
土地	（1，3/2，2）	（2/5, 1/2, 2/3）	（3/2，2，5/2）	（3/2, 2, 5/2）	（1，1，1）	（3/2，2，5/2）	（2，5/2，3）	（5/2，3，7/2）
植被	（1/2，1，3/2）	（2/5, 1/2, 2/3）	（2，5/2，3）	（2/3，1，2）	（2/5, 1/2, 2/3）	（1，1，1）	（3/2，2，5/2）	（1，3/2，2）
社会经济	（2/5, 1/2, 2/3）	（2/7, 1/3, 2/5）	（1，3/2，2）	（1，3/2，2）	（1/3, 2/5, 1/2）	（2/5, 1/2, 2/3）	（1，1，1）	（1/2，2/3，1）
地形地貌	（2/5, 1/2, 2/3）	（2/7, 1/3, 2/5）	（1，3/2，2）	（3/2, 2, 5/2）	（2/7, 1/3, 2/5）	（1/2，2/3，1）	（1，3/2，2）	（1，1，1）

相应于各一级指标，其所包含的二级指标重要性对比矩阵如表5.10至表5.16所示。

表5.10　地下水各二级指标对比矩阵结果

地下水	地下水位	地下水矿化度
地下水位	（1，1，1）	（1/2，1，3/2）
地下水矿化度	（2/3，1，2）	（1，1，1）

表5.11　土壤条件各二级指标对比矩阵结果

土壤条件	土壤类型	土壤质地	土壤质量	土壤含盐量
土壤类型	（1，1，1）	（2/5，1/2，2/3）	（2/7，1/3，2/5）	（1/3，2/5，1/2）
土壤质地	（3/2，2，5/2）	（1，1，1）	（1/3，2/5，1/2）	（2/5，1/2，2/3）
土壤质量	（5/2，3，7/2）	（2，5/2，3）	（1，1，1）	（2/5，1/2，2/3）
土壤含盐量	（2，5/2，3）	（3/2，2，5/2）	（3/2，2，5/2）	（1，1，1）

表5.12　海洋影响各二级指标对比矩阵结果

海洋影响	距海岸距离	海洋侵蚀系数
距海岸距离	（1，1，1）	（1/2，2/3，1）
海洋侵蚀系数	（1，3/2，2）	（1，1，1）

表5.13　气候条件各二级指标对比矩阵结果

气候条件	降水量	≥10 ℃积温	干燥度
降水量	（1，1，1）	（2，5/2，3）	（3/2，2，5/2）
≥10 ℃积温	（1/3，2/5，1/2）	（1，1，1）	（1/2，2/3，1）
湿润度/干燥度	（2/5，1/2，2/3）	（1，3/2，2）	（1，1，1）

表5.14 土地状况各二级指标对比矩阵结果

土地状况	土地垦殖率	人类干扰指数	土地利用类型	水渠网密度
土地垦殖率	(1，1，1)	(2/5，1/2，2/3)	(1，3/2，2)	(2/5，1/2，2/3)
人类干扰指数	(3/2，2，5/2)	(1，1，1)	(2，5/2，3)	(3/2，2，5/2)
土地利用类型	(1/2，2/3，1)	(1/3，2/5，1/2)	(1，1，1)	(1/2，2/3，1)
水渠网密度	(3/2，2，5/2)	(2/5，1/2，2/3)	(1，3/2，2)	(1，1，1)

表5.15 社会经济各二级指标对比矩阵结果

社会经济	人口密度	道路网密度	GDP密度
人口密度	(1，1，1)	(3/2，2，5/2，)	(3/2，2，5/2)
道路网密度	(2/5，1/2，2/3)	(1，1，1)	(1，3/2，2)
GDP密度	(2/5，1/2，2/3)	(1/2，2/3，1)	(1，1，1)

表5.16 地形地貌各二级指标对比矩阵结果

地形地貌	高程	地貌类型
高程	(1，1，1)	(1，3/2，2)
地貌类型	(1/2，2/3，1)	(1，1，1)

步骤二，各指标权重的设定。依照上述的方法，按照顺序依次计算各指标的累计扩展值、综合扩展值和逐个比较值，最终得到各指标的权重如表5.17所示。

表5.17 各级指标权重设定结果

一级指标	一级指标权重	二级指标	二级指标权重	综合权重
地下水	0.19	地下水位	0.5	0.095
		地下水矿化度	0.5	0.095

表5.19　土壤条件各二级定量指标适宜范围

一级指标	二级指标	指标范围	趋向性	b	d
土壤条件	土壤质量	0.3 ~ 0.7	负向型	0.3	0.2
	土壤含盐量/%	0.1 ~ 0.6	正向型	0.6	0.2

5.5.1.3　海洋影响

距海岸距离脆弱性适宜范围的确定，一方面是参考陈沈良统计的2007年黄河三角洲风暴潮入侵陆地的距离（陈沈良，2007），另一方面查看东营市各县区政府网站关于2007年以来海水入侵和潮汐作用对海岸的影响距离，最终制定出脆弱性范围。由于不同研究对海洋侵蚀系数的定义和获取方法不同，所以并未有相关的指标范围可供参考，本研究就以获取的数据中的最大和最小值作为其脆弱性适宜范围，如表5.20所示。

表5.20　海洋条件各二级指标适宜范围

一级指标	二级指标	指标范围	趋向性	b	d
海洋影响	距海岸距离/km	2 ~ 30	负向型	2	23
	海洋侵蚀系数	0 ~ 0.83	正向型	0.83	0.33

5.5.1.4　土地状况

土地垦殖率以土地被开垦的比例来表示，人工干扰指数以人工用地面积的比例来表示，水渠网密度以单位面积内水渠的长度来表示，3种指标的范围确定参考关于黄河三角洲土地利用如何影响对生态系统脆弱性的研究（张琨，2013）和对丹江口水库流域的生态系统脆弱性研究（Li，2009）。最终确定的各指标的脆弱性范围如表5.21所示。

表5.21 土地状况各二级定量指标适宜范围

一级指标	二级指标	指标范围	趋向性	b	d
土地状况	土地垦殖率	0.03 ~ 0.5	正向型	0.5	0.2
	人类干扰指数	0.5 ~ 1	正向型	1	0.2
	水渠网密度/（km/km^2）	1 ~ 5	负向型	1	2

5.5.1.5 植被状况

黄河三角洲植被覆盖空间分布不均匀，自然植被局部分布较广，内陆多为耕地和园地等人工植被，并且有大量植被覆盖稀疏的撂荒地，本研究根据黄河三角洲植被覆盖度空间分布特点，并参考张琨对黄河三角洲生态系统脆弱性的研究，确定本研究中植被覆盖度的脆弱性范围如表5.22所示。

表5.22 植被状况二级指标适宜范围

一级指标	二级指标	指标范围	趋向性	b	d
植被状况	植被覆盖度	0.1 ~ 0.6	负向型	0.1	0.35

5.5.1.6 社会经济指标

包含人口密度和GDP密度的研究有很多，本研究查阅多个相关研究成果，重点参考张琨（2013）在黄河三角洲的研究；文献中包含道路网密度的研究较少，本研究参考在丹江口流域生态系统脆弱性研究中对道路密度的等级范围设定（Li，2009），并结合黄河三角洲道路密度实际大小，做出以下范围设定（表5.23）。

表5.23 社会经济各二级指标适宜范围

一级指标	二级指标	指标范围	趋向性	b	d
社会经济	人口密度/（人/km^2）	100 ~ 1 500	正向型	1 500	1 000
	道路网密度/（km/km^2）	0.2 ~ 1.5	正向型	1.5	0.9
	GDP密度/（万元/km^2）	50 ~ 2 500	正向型	2 500	2 000

5.5.1.7 气候要素

年均降水量越大，越有利于植被的生长，对生态环境越好，黄河三角洲植被属于旱作植被，当年均降水量大于400 mm时可基本满足植被生长的需要，而小于400 mm时，则植被生长不稳定，参考常军对黄河三角洲的降水量分级，并结合本研究获取的降水量大小，设定出降水量脆弱性适宜范围如表5.24所示；干燥度的范围确定参考半湿润地区干燥度的等级设定（孟猛，2004）；积温则是本研究根据指标的数值范围和我国根据积温划分温度带的标准来确定范围。

表5.24 气候条件各二级指标适宜范围

一级指标	二级指标	指标范围	趋向性	b	d
气候条件	降水量/mm	400～1 000	负向型	400	300
	≥10 ℃活动积温/℃	4 300～4 600	负向型	4 300	200
	干燥度	1～1.7	正向型	1.7	0.35

另外，定性指标包括土壤类型、土壤质地、地貌类型和土地利用类型。各指标中包括多个类型，这些指标中各类型隶属度的确定主要参考国家标准、专家研究成果和相关的参考文献书籍（徐建明，2010），以及黄河三角洲各指标的实际空间分布等，具体划分如表5.25和表5.26所示。

表5.25 各土地利用类型隶属度

类型	隶属度	类型	隶属度
河流	0	沟渠	0.7
林地	0.1	内陆滩涂	0.7
农田	0.2	水工建筑用地	0.7
园地	0.2	采矿用地	0.8
坑塘水面	0.3	港口码头用地	0.8
水库	0.3	盐碱地	0.9

续表

类型	隶属度	类型	隶属度
草地	0.4	盐田	0.9
交通用地	0.4	养殖	0.9
居民地	0.4	沿海滩涂	1
沼泽	0.6		

表5.26 土壤条件各二级定性指标隶属度

土壤质地	隶属度	土壤类型	隶属度	地貌类型	隶属度
水体	0	水体	0	水体	0
中壤	0.2	潮土	0.3	河成高地	0.2
轻壤	0.5	盐化潮土	0.6	平地	0.4
重壤	0.5	滨海盐潮土	0.9	河滩地	0.6
黏土	0.6			低洼地	0.8
砂壤	0.7			滩涂地	1

5.5.2 生态系统脆弱性综合评价

确定了各指标在构建模糊逻辑模型的各参数后，利用第4章中的钟形隶属度函数计算各指标在黄河三角洲范围内脆弱性隶属度，获取各自隶属度的空间分布，将结果都转换为分辨率为30 m × 30 m的栅格数据，然后结合各指标的权重，参照加权求和公式计算各评价单元的生态系统脆弱性隶属度：

$$\mathrm{EVI} = \sum_{i=0}^{n} MF_{x_i} \times w_i$$

式中，EVI即为生态系统脆弱性综合评价指数（Ecological Vulnerability Index），值越大，评价单元的生态环境越脆弱。MF_{xi}为评价单元内第i个指标的脆弱性隶属度，W_i为该指标的权重值。最终获取的黄河三角洲生态系统脆弱性隶属度空间分布如图5.9所示。

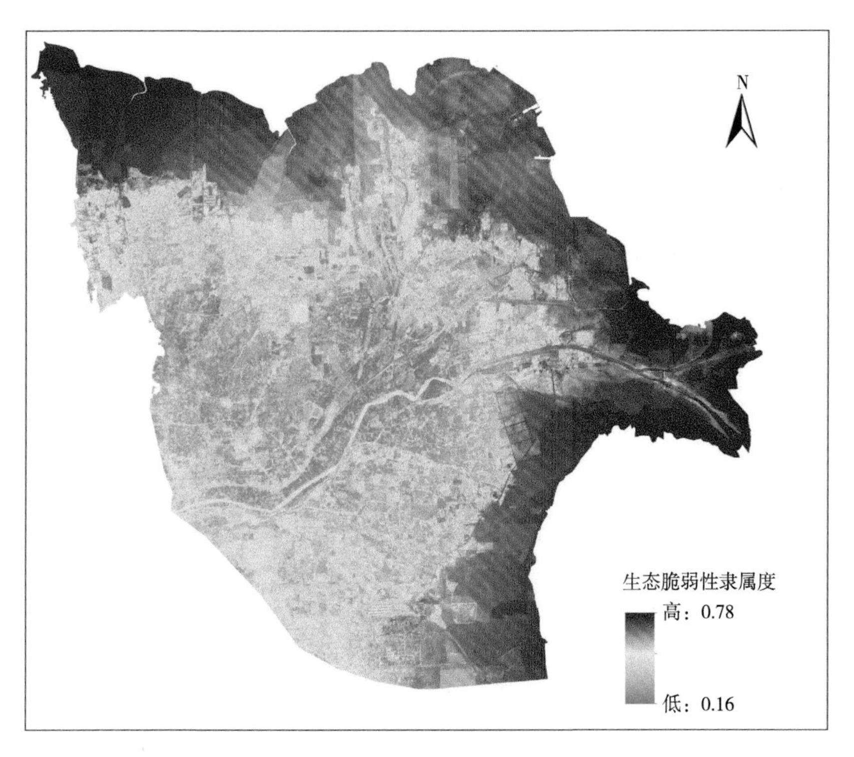

图5.9　生态系统脆弱性隶属度空间分布

从黄河三角洲生态系统脆弱性隶属度图5.9看，越靠近海岸，脆弱性越强，以黄河入海口周边和西北沿海最强，向内陆逐渐降低，中部黄河和刁口河交叉处周边脆弱性最低，整体规律与预计结果相符合，与其他研究成果相比，整体结果也更为合理。目前各评价方法对最终的生态系统脆弱性分级方面仍未有具体标准可以参考，所以本研究将脆弱性隶属度按照自然断点法（Natural Breaks）进行分级，分级后的生态系统脆弱性空间分布如图5.10所示，各级别范围以及各级别的面积大小如表5.27所示。

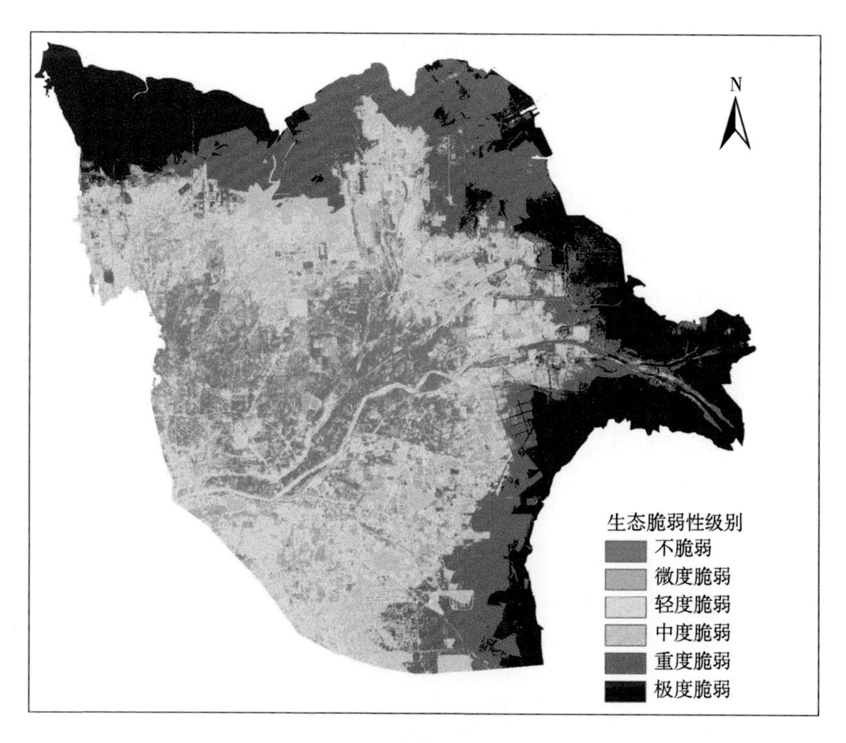

图5.10 生态系统脆弱性级别空间分布

表5.27 生态系统脆弱性分级及其面积统计

等级编码	脆弱性级别	隶属度范围	单元格/个	面积/km²	比例/%
一级	不脆弱	0.16 ~ 0.32	515 744	464.17	9.19
二级	微度脆弱	0.32 ~ 0.41	911 552	820.4	16.23
三级	轻度脆弱	0.41 ~ 0.5	1 001 573	901.42	17.84
四级	中度脆弱	0.5 ~ 0.59	890 464	801.42	15.86
五级	重度脆弱	0.59 ~ 0.67	1 236 945	1 113.25	22.03
六级	极度脆弱	0.67 ~ 0.78	1 058 691	952.82	18.85

黄河三角洲以重度脆弱区分布面积最大，范围最广，面积达到1 113.25 km²，占总面积的22.03 %，相对来说黄河三角洲北部沿海更多，如仙河镇以北和

河口区以北的大部分地区，在东营区东部和东北部也有分布；其次是极度脆弱区，面积为952.85 km^2，该区域分布更靠近海岸线，除刁口河入海口两侧和一千二自然保护区沿海外，其他沿海地区基本上为极度脆弱生态环境；中度、轻度、微度和不脆弱区被极度脆弱区和重度脆弱区包围，并且4种类型整体上也是由外向内脆弱度逐渐降低，中度脆弱区和轻度脆弱区处于外围，两者呈镶嵌分布，不脆弱区与微度脆弱区在最内侧，也呈零星交叉分布，不脆弱区面积最小为464.17 km^2。

将解译的土地利用数据与生态系统脆弱性级别相叠加获取各主要土地类型的脆弱性状况，如表5.28所示。

表5.28 各主要土地利用类型生态系统脆弱性等级分布状况 单位：km^2

类型	级别						总计
	一级	二级	三级	四级	五级	六级	
草地	10.28	23.07	45.03	48.47	37.28	3.46	167.59
内陆滩涂	3.92	6.61	5.32	2.38	5.72	11.08	35.03
农田	327.23	405.06	226.98	104.66	46.42	4.06	1 114.4
沿海滩涂	—	—	0	0.74	117.91	359.5	478.15
盐碱地	26.97	116.86	189.54	188.38	290.1	102.41	914.26
园地	8.26	10	2.71	0.34	0.01	—	21.33
林地	21.05	34.25	32.9	30.07	48.29	24.24	190.8
总计	397.71	595.85	502.49	375.04	545.73	504.75	2 921.57

对主要土地利用类型在不同生态系统脆弱性级别的分布进行统计可知，微度脆弱区面积最大，面积为595.85 km^2，其次是重度脆弱区和轻度脆弱区。农田面积最大，其主要分布在前3个脆弱性级别上，以微度脆弱区面积最大，达到405.06 km^2，其次是不脆弱区和轻度脆弱区，农田在重度脆弱区和极度脆弱区也有少量分布，集中在3个区域，即黄河口镇东侧、孤北水库西侧和新户乡西侧部分区域。盐碱地同样在6个脆弱性级别区均有分布，相对于农田，除第1级别外，其他区域面积分布较为均匀，轻度脆弱区和中度

脆弱区面积基本相等，重度脆弱区面积最大为290.1 km^2，分布范围集中在孤东油田及其周边、孤北水库东北大部分区域和新户乡北部区域。根据整个黄河三角洲的生态系统脆弱性分布可以看出，沿海滩涂基本属于极度脆弱级别，面积达到359.5 km^2，而在一千二保护区北侧的滩涂则属于重度脆弱区。居民地以分布在第3级和第4级为主，草地和林地在各级别内分布面积较为均匀，内陆滩涂和园地总面积较少。

5.6 本章小结

本章主要是完成了黄河三角洲的生态系统脆弱性评估，涉及的主要内容包括生态系统脆弱性评估的方法确定，评价指标体系的建立及其各指标的获取，最后是根据评价方法和指标体系完成了黄河三角洲的生态系统脆弱性评估。

首先，针对目前常用的生态评价方法，对各种方法做了简要的介绍和对比分析，描述了各种方法的优缺点以及适用范围等，综合比较之后，选用模糊层次分析法作为本章中黄河三角洲生态系统脆弱性的评级方法，该方法在对评价指标权重设定和指标评价适宜范围确定上都具有一定优势。指标权重的设定整体上参照层次分析法，但在指标重要性对比赋值时采用了模糊三角函数理论；而在综合评价时所有的模糊逻辑模型与第4章土壤质量评估中的方法相同。权重确定和生态系统脆弱性综合评价的方法在整个评价过程中都减小了人为主观因素的影响，评价结果客观性相对较强。

其次，评价指标的选定和数据获取。对黄河三角洲现存的主要生态环境问题进行总结描述，发现黄河三角洲一直以来都面临着海洋潮汐、风暴潮、降雨分配不均、蒸发量大、地下水位高、地下水矿化度高、土壤盐碱化严重以及人为活动影响频繁等生态问题，使得黄河三角洲生态安全面临巨大威胁；本章根据这些问题，针对性的选取评价指标，包括土壤、水文、地形地貌、海洋影响、气候、植被覆盖、土地利用和社会经济等方面；并且分别通过野外观测站点、野外地下水监测井位、实地调查、遥感影像、社会经济统计和基础地理数据等方面获取各指标的空间分布状况，为生态系统脆弱性综合评价提供数据基础。

最后，依据建立的指标体系以及各指标空间化后的值，利用模糊逻辑模型获取各指标的生态系统脆弱性隶属度，再结合获取的指标权重，利用加权求和方法得到黄河三角洲综合生态系统脆弱性隶属度空间分布状况，并按照自然断点法进行分级。结果显示，黄河三角洲重度脆弱区分布面积最大，范围最广，在北部沿海分布最多，如仙河镇以北和河口区以北的大部分地区；其次是极度脆弱区，该区域分布更靠近海岸线；中度、轻度、微度和不脆弱区被极度脆弱区和重度脆弱区包围，并且4种类型整体上也是由外向内脆弱度逐渐降低。从主要的土地利用类型方面看，微度脆弱区面积最大，其次是重度脆弱区和轻度脆弱区；农田面积最大，其主要分布在前3个脆弱性级别。

6

黄河三角洲后备土地资源适宜性评价

6.1 土地适宜性评价研究现状

土地适宜性评价是指对土地设定某种或某几种土地要求，依据土地本身的要素构成和特性以及外部条件，对所设定要求的适应性或适应程度进行的评价，它是对土地进行合理利用和规划的基础。尤其是近些年人口增长、城市化进程加快、农业土地被占用频繁、土地退化严重和旅游开发等活动增加，对各类型用地的土地适宜性评价已经成为一项重要课题。土地适宜性评估来源于土地评价，其历史来源在绪论中已做评述，本章不再重复，从目前国内外的研究看，土地适宜性评价更注重于在实际生产生活中的应用，研究领域也逐渐从之前单一类型的适宜性评价转变为综合性的评价，而评价指标体系也从定性指标转变为定量指标为主，同时也更关注于土地适宜性的动态变化（Steiner，2000；Li，2012）。目前国内外土地适宜性评价应用的主要领域有农用地、林牧地、建设用地和土地整理与复垦。

其中，对农用地的适宜性评价研究最为广泛，研究尺度也从初期的大范围逐渐过渡到中小区域。例如，Vanlanen（1992）对整个欧洲进行作物生长潜力的适宜性评价，并建立了不同国家小麦产量的适宜性潜力图。Reshmidevi（2009）将印度孟加拉邦的一个子流域作为研究区，对稻田耕作区域进行详细的适宜性评价分析。侯西勇等（2007）依据自然地理和土地资源系统等特征，对华北—辽南土地潜力区的土地限制因子和土地适宜类别进行分析。建立农用地评价指标体系时，选择的指标多为自然要素，如气温、降水、土壤、地形等，而对社会经济方面的要素考虑较少，评价结果起到的指导效果不太理想。对于县市级等中小尺度的评价，武强等（2001）对河北省邱县进行了农用地适宜性评价，所选取的要素为多因素综合，并对评价结果进行分级。而对于经济作物的适宜性评价多属于单一用途的土地适宜性评价，例如，Hood（2006）对澳大利亚维多利亚州Gippsland地区的葡萄、高产牧草、蓝桉树的生长潜力做了详细研究。

针对林牧业的适宜性，学者们更多的是将研究区设置在以我国西北地区为主的林牧交错带区域，并为当地的资源合理利用与优化配置提供决策。如孟林（2000）以新疆昌吉为研究区，对草地的适宜性进行了评价，并建立起一套可以在周边地区推广的适宜性评价系统；郭晋平等（1997）采用模糊综合评分法对黄土高原沟壑区进行宜林地适宜性评价，并开展了合理的土地利用规划辅助决策研究；卫三平等（2002）对刺槐林在晋西黄土丘陵沟壑区的立地条件进行了适宜性评价，寻找出刺槐林生长的最佳立地条件，有效降低了当地的水土流失灾害。另有学者专门对生态脆弱区的土地适宜性进行评价，目的是合理利用和保护土地资源，防止土地退化，维持土地资源的可持续性以及保护生态环境。

随着人口的增加，城市化进程也不断加快，建设用地的扩张占用了较多农用地、林地和草地，整体扩张过程显得错乱无序，导致了城市结构、功能和环境等方面出现了较多不合理，所以也需要对建设用地的适宜性进行评价，合理规划城市扩张，使得城市土地资源得到合理的优化配置，保护城市生态环境。对建设用地或者是对城市建设的适宜性分析往往与当地的经济发展程度呈正相关关系，所以我国目前所进行的建设用地适宜性评价多集中在大中城市，考虑的自然指标主要是地质环境，同时在社会经济环境方面也会参选一些指标（何雪，2014；刘焱序，2014；周毅军，2014）。评价尺度上多是以城镇尺度为主，对农村建设用地的适宜性评价则很少见，主要是因为对村级建设用地的适宜性评价需要更大比例尺的底图，并且对土地的用途要求更加具体（薛继斌，2011），在进行农村建设用地适宜性评价时，选取指标更多关注于耕地的保护，如杨雯婷（2012）对农村建设用地的适宜性进行评价时，将生态因素加入指标体系中进行适宜性分级。

在黄河三角洲地区的土地适宜性研究中，田娜（2009）运用人工神经网络算法，主要从地貌、土壤类型、土壤含盐量、土壤质地以及土壤养分含量角度考虑，对黄河三角洲的滩涂资源进行开发适宜性评估，适宜类型上主要从林业、牧业、渔业和盐业进行比较；赵军（2007）结合黄河三角洲地区的生态功能分区，从土地、水文，土壤和海拔等方面选取了11个指标，分别从宜农、宜林、宜牧和宜渔4个角度对研究区进行适宜性评估，并提出了三角洲土地资源的空间优化配置模式；另外还有一些学者也对黄河三角洲目前的未利用地进行了适宜性评价（李振，2011；韦仕川，2013a；韦仕川，2013b；张志鹏，2014）。

综上对土地适宜性评估的研究，对土地的宜耕性评价体系和方法较为成熟，在宜林、宜草和建设适宜性方面也有较多研究；综合来看，这些研究基本上是对一种土地利用类型的适宜性评估，而现实中对后备土地资源的利用不仅仅限于某一种类型，往往适宜于多种利用方式，如何对每个评价单元综合评估在各个土地利用类型上的适宜性，并筛选出最优利用方式，将会对后备土地资源的高效利用提供支持。另外，在进行多利用类型的适宜性评估时，由于是对每个评价单元分别评估，难免会出现各个单元的土地利用方式在空间上的分布不合理，给后备土地资源的集约利用和统一管理带来不利，在这一问题上也需要进行深入研究。

6.2 后备土地资源适宜性评价方法

6.2.1 常用的土地适宜性评价方法

在选取土地适宜性评价方法是最为重要的是设定评价因子权重和选取综合评价方法（Joerin，2001）。其中权重的设定在定量分析中尤为重要，是土地适宜性评价的关键步骤，对评价结果的准确性和科学性有很大影响。目前设定因子权重的方法主要有德尔斐法（牛海鹏，2003）、线性回归分析（杨雯婷，2012）、层次分析法、调试法（岳健，2004）和模糊综合评判法（陈健飞，1999）等，各种方法均有利弊。在综合评价方法上，3S技术

i=1…m; j=1…n; k=1…s; l=1…3, k为土地利用类型。

式中，$K_{ikl}(X_{ikj})$为第i个土地评价单元中第j个特征用于用途k在适宜性等级l上的关联度值。

对每个特征C_n赋予权重w_n，则土地单元N_i用于土地利用k在等级l上的关联度$K_{ikl}(N_i)$为：

$$K_{ikl}(N_i)=\sum_{j=1}^{n}w_j K_{ikl}(x_{ikj}),\ i=1\cdots m;\ j=1\cdots n;\ k=1\cdots s;\ l=1\cdots 3$$

则土地单元N_i关于土地利用k的适宜性等级ol为：

$$K_{ikol}(N_i)=\max\langle K_{ikl}(N_i)\,|l=1\cdots 4\rangle$$

对不同的土地利用类型进行适宜性等级评价，最终获取每个评价单元的最佳利用类型，如土地单元N_i的最佳利用类型为：

$$K_{iokol}(N_i)=\max\langle K_{ikol}(N_i)\,|k=1\cdots 4\rangle$$

6.3 后备土地资源获取

对于后备土地资源的获取是综合多方面考虑，首先是参照本书对后备土地资源的定义，依据黄河三角洲土地利用进行筛选，获取初步的后备土地资源；然后结合土壤质量评估和生态系统脆弱性评估结果，按照设定规则对初步选取的后备土地资源进行删减，获取最终结果。

6.3.1 后备土地资源定义选取

参照本书对后备土地资源的定义，即："在一定的经济技术条件下，根据社会和区域需求，通过工程或其他措施，除了国家或地方设定的限制开发区如自然保护区等，其他能够被开垦或复垦的具有宜林、宜农或宜草等特性的荒草地、盐碱地、沼泽、裸地及滩涂等未利用地，也包括那些因各种人为因素和自然灾害造成破坏而废弃的压占地、塌陷地和自然灾害损毁地等”，对利用遥感影像解译后的黄河三角洲土地利用数据进行筛选，并去除黄河三角洲内部的黄河口自然保护区和一千二自然保护区，得到初步的后备土地资源空间分布状况，具体的土地利用类型包括草地、沼泽、盐碱地、内陆滩涂和沿海滩涂，如图6.1所示。

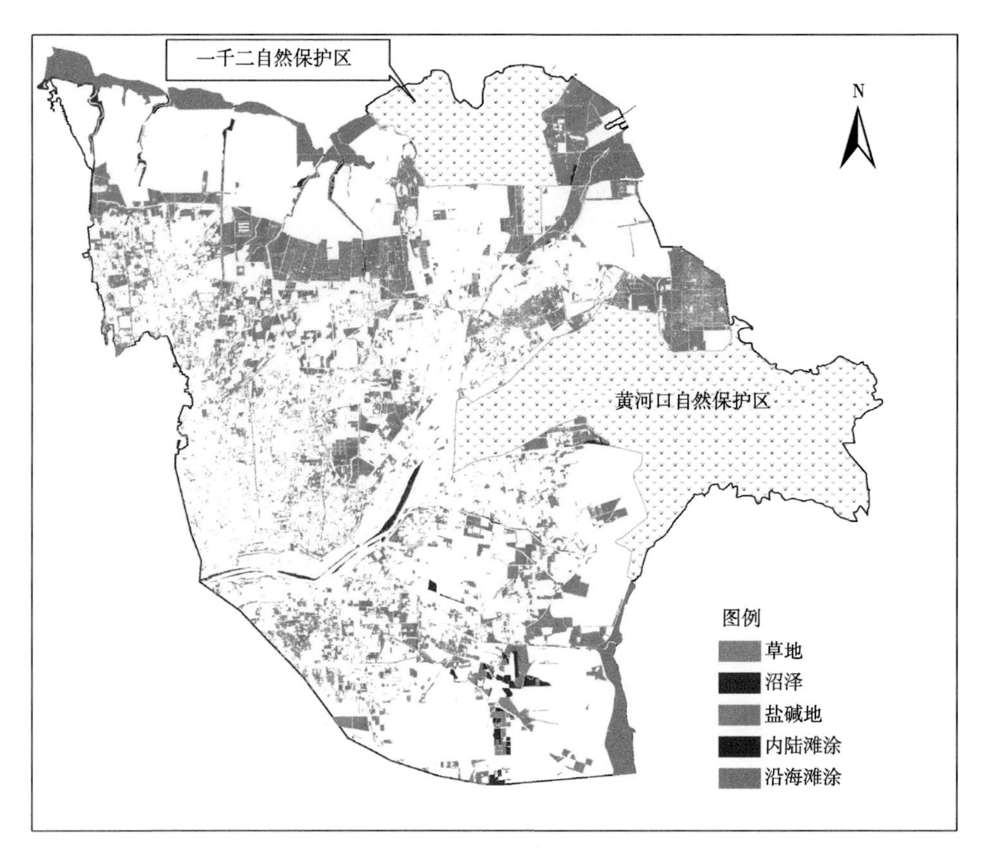

图6.1 后备土地资源初始选取结果

从图6.1可以清晰地看出，黄河三角洲后备土地资源分布较广，尤其是盐碱地，除自然保护区外，几乎遍布整个黄河三角洲；草地分布较为集中，多成片分布，在河口区北部和东营区东北部有分布；内陆滩涂主要是分布于黄河沿岸，而沿海滩涂则是由于保护区对黄河三角洲的切割作用，使其分布主要集中于西北和东南沿海；另外沼泽面积较少，分布也集中。

6.3.2 后备土地资源土壤质量与生态系统脆弱性状况

将预选的后备土地资源与黄河三角洲土壤质量评估结果和生态系统脆弱性评估结果进行叠合处理，获取后备土地资源的土壤和生态质量状况，统计结果如表6.1和表6.2所示。

表6.1 初选后备土地资源生态系统脆弱性面积统计 单位：km^2

类型	一级	二级	三级	四级	五级	六级	总计
草地	0.91	9.12	31.72	29.58	12.76	0.02	84.11
内陆滩涂	3.84	6.35	4.94	2.12	5.46	10.29	33.01
沿海滩涂	—	—	—	0.08	28.21	127.79	156.09
盐碱地	26.22	113.03	178.49	150.18	185.77	80.4	734.08
沼泽	0.01	0.43	2.6	5.94	7.93	—	16.92
总计	30.98	128.94	217.75	187.9	240.13	218.5	1 024.21

表6.2 初选后备土地资源土壤质量评估 单位：km^2

类型	一级	二级	三级	四级	五级	六级	总计
草地	0.87	6.92	48.12	20.77	6.45	0.98	84.11
内陆滩涂	0.16	5.46	9.64	5.21	2.49	10.04	33.01
沿海滩涂	—	—	1.97	33.95	25.94	94.23	156.09
盐碱地	10.11	110.83	267.48	184.11	119.79	41.76	734.08
沼泽	—	0.07	3.65	4.67	6.64	1.89	16.92
总计	11.14	123.28	330.87	248.71	161.31	148.9	1 024.21

从5种土地利用类型面积统计看，盐碱地明显多于其他几种类型，占总初选后备土地资源的71.67 %，其次是沿海滩涂；从生态系统脆弱性统计上看，第5级也就是重度脆弱区面积最大，其次是极度脆弱区和轻度脆弱区，两者面积基本相当，而不脆弱区分布相当少；从土壤质量统计上看，第3级土壤质量上的面积分布最多，其次是第4级土壤质量，两者共占总初选后备土地资源面积的56.59 %，同样在土壤质量最优的等级上面积最小。

通过以上统计可以进行总结，若将按照定义所选择的后备土地资源作为最终的适宜性评价数据基础，有可能会导致那些处于高生态脆弱区、不适宜开发的土地被列为某类别的后备用地，改变原有土地的自然演替规律，将会对区域生态环境造成影响；同样从第4章的土壤质量评估结果看，在低等级土壤质量上仍然有较多的农业用地等已开发类型，土地利用明显不合理，会造成土壤的退化，直至被撂荒，所以本书对后备土地资源筛选在参考定义的基础上，又设定了具体规则。

首先，依据后备土地资源定义，选取草地、盐碱地、沼泽、内陆滩涂和沿海滩涂5种类型地作为初选后备土地资源量，并去除黄河三角洲的自然保护区。

然后，根据土壤质量评估结果，选取土壤质量较差的农田、林地和园地作为补充，主要目的是将其中不合理开发的土地与选取的后备土地资源一并进行空间优化调整，土壤质量较差的范围是4级及以上的土壤，即第4级、第5级和第6级。

最后，后备土地资源是作为可被开发利用的土地，其生态系统脆弱性等级不能太高，所以需将脆弱性高的区域删去，将生态系统脆弱性级别大于第4级的作为脆弱性较高的范围，即保留第1级、第2级和第3级。

6.3.3 最终后备土地资源空间分布

对初选的后备土地资源进行筛选，最终的后备土地资源空间分布和各类型面积统计如图6.2、表6.3和表6.4所示。

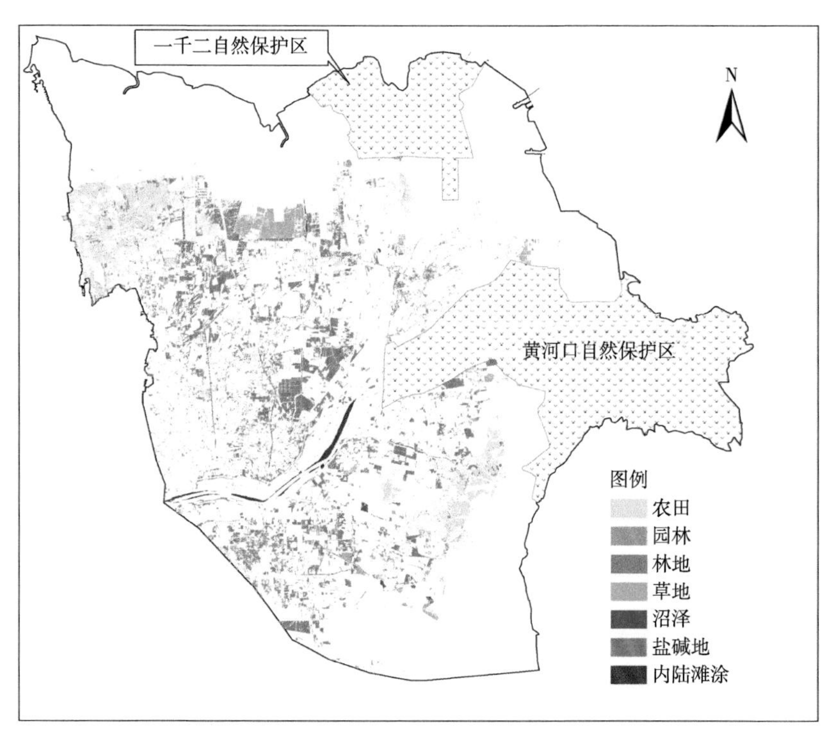

图6.2 后备土地资源最终选取结果

表6.3 最终选取后备土地资源生态系统脆弱性面积统计 单位：km^2

类型	一级	二级	三级	总计
草地	0.91	9.12	31.72	41.74
林地	0	0.13	0.82	0.95
内陆滩涂	3.84	6.35	4.94	15.14
农田	0.18	11.89	54	66.07
盐碱地	26.22	113.03	178.49	317.74
园地	0	0.12	0.65	0.77
沼泽	0.01	0.43	2.6	3.05
总计	31.17	141.08	273.22	445.47

表6.4　最终选取后备土地资源土壤质量面积统计　　单位：km^2

类型	一级	二级	三级	四级	五级	六级	总计
草地	0.86	6.67	31.48	2.73	0.01	—	41.74
林地	—	—	—	0.95	0	—	0.95
内陆滩涂	0.16	5.45	8.77	0.73	0.04	0	15.14
农田	—	—	—	62.7	3.36	0.01	66.07
盐碱地	10.05	103.88	188.45	14.93	0.42	0	317.74
园地	—	—	—	0.77	0	—	0.77
沼泽	—	0.07	2.42	0.55	0	—	3.05
总计	11.08	116.07	231.12	83.36	3.83	0.01	445.47

后备土地资源最终的选取范围与初选范围差别较大，一方面从空间分布上看，删减后的后备土地资源分布更靠近内陆，外围大量的盐碱地和沿海滩涂被舍去，黄河口自然湿地上方的所有盐碱地均被删去，沿海滩涂因为基本处于极度脆弱区，所以无法被筛选为可开垦的后备土地资源；另一方面从统计面积上看，总面积较初选时减少758.74 km^2，其中盐碱地减少最多为416.34 km^2，几乎达到最终选取的后备土地资源面积，其他如草地等类型面积也有减小，另外有66.07 km^2的农田被新加入后备土地资源中，筛选出的后备土地资源大部分位于黄河以北。

后续进行的土地适宜性研究以最终筛选的后备土地资源为数据基础，选取相应的评价指标和评价方法，得到最终结果，进一步做优化调整。

6.4 评价指标体系构建

本研究拟针对3种特定的土地利用类型对黄河三角洲后备土地资源进行

续表

一级指标	权重	二级指标	权重
水文	0.29	地下水埋深	0.08
		地下水矿化度	0.15
		水渠网密度	0.05
地形	0.14	高程	0.05
		地貌类型	0.1

6.5 后备土地资源适宜性综合评价

综合建立的指标体系、各指标值和各指标的权重设定结果，根据选取的评价方法对研究区后备土地资源进行宜农和宜林牧的评价。

6.5.1 物元可拓性模型建立

首先，根据评价的特定类型、目标以及选取的指标体系，建立物元。根据物元可拓性模型方法的描述，将本研究中的事物N分别定为宜农和宜林牧2种；对每个类别的适应等级分为4种，即一级适宜、二级适宜、三级适宜和四级适宜，其中四级适宜作为非适宜对待；对于C_n就是本研究中选取的个指标；而V_2则为各指标的数值，各指标编号如表6.6所示。

表6.6 各评价指标编号设计

编号	指标类型	编号	指标类型
C_1	地下水埋深	C_7	AP
C_2	地下水矿化度	C_8	AK

续表

编号	指标类型	编号	指标类型
C_3	土壤含盐量	C_9	水渠网密度
C_4	SOM	C_{10}	土壤类型
C_5	高程	C_{11}	土壤质地
C_6	TN	C_{12}	地貌类型

其次，建立经典域和节域。根据对每个适宜类型建立的级别，对每个指标分别参考相关标准或研究成果建立经典域和节域，对定性指标的定量化，总范围设定为0～1，4个级别分别设定的范围从第1级到第4级分别为0.75～1、0.5～0.75、0.25～0.5和0～0.25，结果见表6.7和表6.8。

表6.7 各评价指标在宜农评价中的适宜级别范围设定

指标代码	指标类型	单位	一级适宜性	二级适宜性	三级适宜性	四级适宜性
C_1	地下水埋深	m	5～12	4～5	2.5～4	0～2.5
C_2	地下水矿化度	g/L	0～2	2～5	5～20	20～30
C_3	土壤含盐量	%	0～0.1	0.1～0.2	0.2～0.4	0.4～3
C_4	SOM	%	2～3	1.5～2	0.8～1.5	0～0.8
C_5	高程	m	8～12	6～8	4～6	0～4
C_6	TN	%	0.1～0.15	0.075～0.1	0.05～0.075	0～0.05
C_7	AP	mg/kg	20～32	10～20	5～10	0～5
C_8	AK	mg/kg	200～400	100～200	60～100	0～60
C_9	水渠网密度	km/km^2	3.5～5.5	3～3.5	2～3	0～2
C_{10}	土壤类型	/	—	潮土	盐化潮土	滨海盐潮土
C_{11}	土壤质地	/	轻壤、中壤	重壤	砂壤	黏土
C_{12}	地貌类型	/	河成高地、平地	河滩地	低洼地	滩涂地

表6.8 各评价指标在宜林牧评价中的适宜级别范围设定

指标代码	指标类型	单位	一级适宜性	二级适宜性	三级适宜性	四级适宜性
C_1	地下水埋深	m	5 ~ 12	4 ~ 5	2.5 ~ 4	0 ~ 2.5
C_2	地下水矿化度	g/L	0 ~ 2	2 ~ 5	5 ~ 20	20 ~ 30
C_3	土壤含盐量	%	0 ~ 0.1	0.1 ~ 0.2	0.2 ~ 0.4	0.4 ~ 3
C_4	SOM	%	2 ~ 3	1.5 ~ 2	0.8 ~ 1.5	0 ~ 0.8
C_5	高程	m	8 ~ 12	6 ~ 8	4 ~ 6	0 ~ 4
C_6	TN	%	0.1 ~ 0.15	0.075 ~ 0.1	0.05 ~ 0.075	0 ~ 0.05
C_7	AP	mg/kg	20 ~ 32	10 ~ 20	5 ~ 10	0 ~ 5
C_8	AK	mg/kg	200 ~ 400	100 ~ 200	60 ~ 100	0 ~ 60
C_9	水渠网密度	km/km^2	3.5 ~ 5.5	3 ~ 3.5	2 ~ 3	0 ~ 2
C_{10}	土壤类型	/	潮土	盐化潮土	滨海盐潮土	—
C_{11}	土壤质地	/	轻壤、中壤、重壤	砂壤	黏土	—
C_{12}	地貌类型	/	河成高地、平地、河滩地	低洼地	滩涂地	—

以矩阵形式分别列出各指标在宜农和宜林牧方面相应的经典域和节域，对于宜农类型的经典域设置：

$$R_{11}=\begin{bmatrix} N_{11} & c_1 & [5,12] \\ & c_2 & [0,2] \\ & c_3 & [0,0.1] \\ & c_4 & [2,3] \\ & c_5 & [8,12] \\ & c_6 & [0.1,0.15] \\ & c_7 & [20,32] \\ & c_8 & [200,400] \\ & c_9 & [3.5,5.5] \\ & c_{10} & [0.75,1] \\ & c_{11} & [0.75,1] \\ & c_{12} & [0.75,1] \end{bmatrix} \quad R_{12}=\begin{bmatrix} N_{12} & c_1 & [4,5] \\ & c_2 & [2,5] \\ & c_3 & [0.1,0.2] \\ & c_4 & [1.5,2] \\ & c_5 & [6,8] \\ & c_6 & [0.075,0.1] \\ & c_7 & [10,20] \\ & c_8 & [100,200] \\ & c_9 & [3,3.5] \\ & c_{10} & [0.5,0.75] \\ & c_{11} & [0.5,0.75] \\ & c_{12} & [0.5,0.75] \end{bmatrix}$$

$$R_{13}=\begin{bmatrix} N_{13} & c_1 & [2.5,4] \\ & c_2 & [5,20] \\ & c_3 & [0.2,0.4] \\ & c_4 & [0.8,1.5] \\ & c_5 & [4,6] \\ & c_6 & [0.05,0.075] \\ & c_7 & [5,10] \\ & c_8 & [60,100] \\ & c_9 & [2,3] \\ & c_{10} & [0.25,0.5] \\ & c_{11} & [0.25,0.5] \\ & c_{12} & [0.25,0.5] \end{bmatrix} \quad R_{14}=\begin{bmatrix} N_{14} & c_1 & [0,2.5] \\ & c_2 & [20,30] \\ & c_3 & [0.4,3] \\ & c_4 & [0,0.8] \\ & c_5 & [0,4] \\ & c_6 & [0,0.05] \\ & c_7 & [0,5] \\ & c_8 & [0,60] \\ & c_9 & [0,2] \\ & c_{10} & [0,0.25] \\ & c_{11} & [0,0.25] \\ & c_{12} & [0,0.25] \end{bmatrix}$$

对于宜林牧类型的经典域设置：

$$R_{21}=\begin{bmatrix} N_{21} & c_1 & [4,12] \\ & c_2 & [0,6] \\ & c_3 & [0,0.2] \\ & c_4 & [1.5,3] \\ & c_5 & [7,12] \\ & c_6 & [0.1,0.15] \\ & c_7 & [15,32] \\ & c_8 & [150,400] \\ & c_9 & [3,5.5] \\ & c_{10} & [0.75,1] \\ & c_{11} & [0.75,1] \\ & c_{12} & [0.75,1] \end{bmatrix} \quad R_{22}=\begin{bmatrix} N_{22} & c_1 & [3,4] \\ & c_2 & [6,10] \\ & c_3 & [0.2,0.4] \\ & c_4 & [1.0,1.5] \\ & c_5 & [4,6] \\ & c_6 & [0.075,0.1] \\ & c_7 & [5,15] \\ & c_8 & [100,150] \\ & c_9 & [2,3] \\ & c_{10} & [0.5,0.75] \\ & c_{11} & [0.5,0.75] \\ & c_{12} & [0.5,0.75] \end{bmatrix}$$

$$R_{23}=\begin{bmatrix} N_{23} & c_1 & [2,3] \\ & c_2 & [10,20] \\ & c_3 & [0.4,0.8] \\ & c_4 & [0.6,1.0] \\ & c_5 & [2,4] \\ & c_6 & [0.05,0.075] \\ & c_7 & [3,5] \\ & c_8 & [30,100] \\ & c_9 & [1,2] \\ & c_{10} & [0.25,0.5] \\ & c_{11} & [0.25,0.5] \\ & c_{12} & [0.25,0.5] \end{bmatrix} \quad R_{24}=\begin{bmatrix} N_{24} & c_1 & [0,2] \\ & c_2 & [25,30] \\ & c_3 & [0.8,3] \\ & c_4 & [0,0.6] \\ & c_5 & [0,2] \\ & c_6 & [0,0.05] \\ & c_7 & [0,3] \\ & c_8 & [0,30] \\ & c_9 & [0,1] \\ & c_{10} & [0,0.25] \\ & c_{11} & [0,0.25] \\ & c_{12} & [0,0.25] \end{bmatrix}$$

对所有级别的经典域进行总结，构建各指标的节域，由于对每个指标宜农和宜林牧适宜范围的最大与最小值进行的设置都相同，所以两者具有相同的节域，如下所示：

$$R_0=\begin{bmatrix} N_0 & c_1 & [0,12] \\ & c_2 & [0,30] \\ & c_3 & [0,3] \\ & c_4 & [0,3] \\ & c_5 & [0,12] \\ & c_6 & [0,0.15] \\ & c_7 & [0,32] \\ & c_8 & [0,400] \\ & c_9 & [0,5.5] \\ & c_{10} & [0,1] \\ & c_{11} & [0,1] \\ & c_{12} & [0,1] \end{bmatrix}$$

最后，建立关联函数，获取各指标关联系数和总的关联度。由于是对一个研究区进行的关联度，而评价单元则是30 m × 30 m的网格，评价单元太多，无法全部列出所有的关联度值，所以以一个评价单元为例进行展示。按照关联度计算函数，对评价单元各指标的值分别按照其在宜农和宜林牧2个方面计算关联度，具体结果如表6.9和表6.10所示。

表6.9 各指标在宜农评价各级别的关联度统计

关联度	指标	一级	二级	三级	四级	最大值	属性级别
K_1	C_1	−0.41	−0.26	0.19	−0.14	0.19	三级
K_2	C_2	−0.45	−0.34	1.02	−0.49	1.02	三级
K_3	C_3	−0.41	−0.28	0.32	−0.19	0.32	三级
K_4	C_4	−0.4	−0.19	0.32	−0.25	0.32	三级
K_5	C_5	−0.38	−0.17	0.25	−0.17	0.25	三级
K_6	C_6	−0.38	−0.17	0.24	−0.16	0.24	三级
K_7	C_7	−0.28	0.44	−0.23	−0.39	0.44	二级
K_8	C_8	−0.27	0.46	−0.24	−0.37	0.46	二级
K_9	C_9	−0.05	0.06	−0.15	−0.39	0.06	二级
K_{10}	C_{10}	−0.73	−0.2	−0.6	−0.73	−0.2	二级
K_{11}	C_{11}	0.33	−0.6	−0.2	0.33	0.33	四级
K_{12}	C_{12}	0	0	−0.5	−0.67	0	一级

表6.10 各指标在宜林牧评价各级别的关联度统计

关联度	指标	一级	二级	三级	四级	最大值	属性级别
K_1	C_1	−0.26	−0.01	0.01	−0.25	0.01	三级
K_2	C_2	−0.29	−0.01	0.01	−0.6	0.01	三级
K_3	C_3	−0.07	0.32	−0.19	−0.6	0.32	二级
K_4	C_4	−0.19	0.21	−0.01	−0.34	0.21	二级
K_5	C_5	−0.29	0.25	−0.17	−0.38	0.25	二级
K_6	C_6	−0.38	−0.17	0.24	−0.16	0.24	三级
K_7	C_7	−0.04	0.04	−0.39	−0.44	0.04	二级
K_8	C_8	−0.03	0.03	−0.24	−0.44	0.03	二级
K_9	C_9	0.22	−0.15	−0.39	−0.53	0.22	一级
K_{10}	C_{10}	−0.47	−0.2	0.33	−0.27	0.33	三级
K_{11}	C_{11}	0.42	−0.4	−0.7	−0.8	0.42	一级
K_{12}	C_{12}	0.52	−0.4	−0.7	−0.8	0.52	一级

结合权重值，分别计算该评价单元在每个适宜类型的每个级别中的综合关联度，并以具有最大关联度的级别作为该评价单元在相应适宜类型中的适宜级别，如表6.11所示，该评价单元在宜农类别上属于三级类型，而在宜林级别上属于二级类型，具体将该单元最终划定到哪一级别需要根据一定规则

进行设定，将在下文中详细列出。

表6.11　后备土地资源宜农和宜林牧评价各级别综合关联度统计

	一级	二级	三级	四级	最大值	属性级别
宜农	-0.3	-0.19	0.17	-0.29	0.17	三级
宜林牧	-0.07	-0.01	-0.18	-0.5	-0.01	二级

6.5.2　土地适宜性综合评价结果

按照以上实例，对整个黄河三角洲分别在宜农和宜林方面进行适宜性评估，每个适宜类型的每一级别结果中都会产生一个栅格文件，相应的命名为“farm×”和“tree×”，“×”代表适宜级别，对每一适宜类型都利用ArcGIS中的条件函数计算，获取最终级别的空间分布，函数公式如下所示。

宜农类型级别确定公式：

Con ((“farm1”≥“farm2”) & (“farm1”≥“farm3”) & (“farm1”≥“farm4”) , 1, Con ((“farm2”>“farm1”) & (“farm2”≥“farm3”) & (“farm2”≥“farm4”) , 2, Con ((“farm3”>“farm1”) & (“farm3”>“farm2”) & (“farm3”≥“farm4”) , 3, 4)))

宜林牧类型级别确定公式：

Con ((“tree1”≥“tree2”) & (“tree1”≥“tree3”) & (“tree1”≥“tree4”) , 1, Con ((“tree2”>“tree1”) & (“tree2”≥“tree3”) & (“tree2”≥“tree4”) , 2, Con ((“tree3”>“tree1”) & (“tree3”>“tree2”) & (“tree3”≥“tree4”) , 3, 4))

得到的结果如图6.3和表6.12所示。

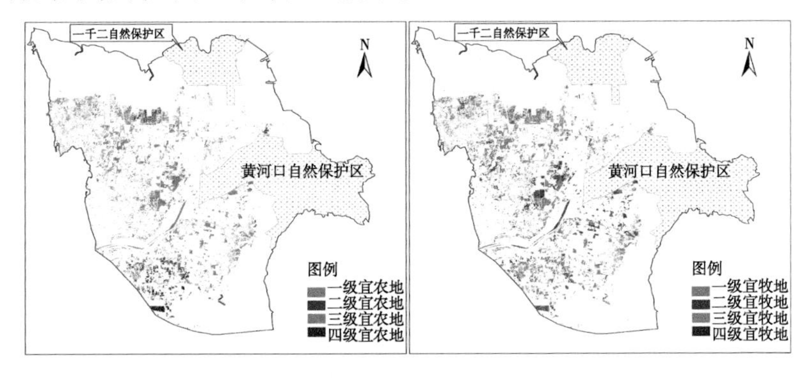

图6.3　后备土地资源宜农和宜林牧适宜性评价结果

表6.12 后备土地资源宜农和宜林牧各级别适宜性面积统计

适宜级别	宜农		宜林牧	
	单元格/个	面积/km²	单元格/个	面积/km²
一级	17 243	15.52	261 194	235.07
二级	17 919	16.13	129 210	116.29
三级	419 485	377.54	103 476	93.13
四级	40 315	36.28	1 081	0.97
总计	494 962	445.47	494 962	445.47

从后备土地资源宜农评价结果看，第3级宜农地面积最大，占总面积的84.75 %，第1级和第2级宜农地面积则相当少，第1级宜农地主要分布在黄河与刁口河交叉口西北侧，以及河口区南部与利津交界处，第2级宜农地主要分布在垦利周边，第3级宜农地遍布于整个后备土地资源范围，而第4级宜农地即不适宜耕作的土地主要集中分布于黄河三角洲南部，经现场查看后得知，此处大多数为城市或农村开发临时占用的土地，有较多的固体垃圾等存在，土壤自身条件差，并且周边环境也无法满足其作为农用地的条件。

从后备土地资源的宜林评价结果看，后备土地资源更适宜于进行林牧业的开发，其中第1级宜林牧地面积最大为235.07 km²，第1级和第2级宜林牧地之和与第3级宜农地面积相差不多，第1级和第2级宜林牧地分布都较为零散，遍布于整个后备土地资源范围，第3级宜林牧地主要分布于西北部，而第4级宜林牧地与第4级宜农地分布范围类似。

分别对后备土地资源进行宜农和宜林牧评价后，两者结果存在交叉，各类型交叉情况如图6.4和表6.13中所示，图中图例显示以宜农级别在前，宜林牧级别在后的规则，即“23”表示该评价单元在宜农级别属于第2级宜农地，在宜林牧级别属于第3级宜林牧地。

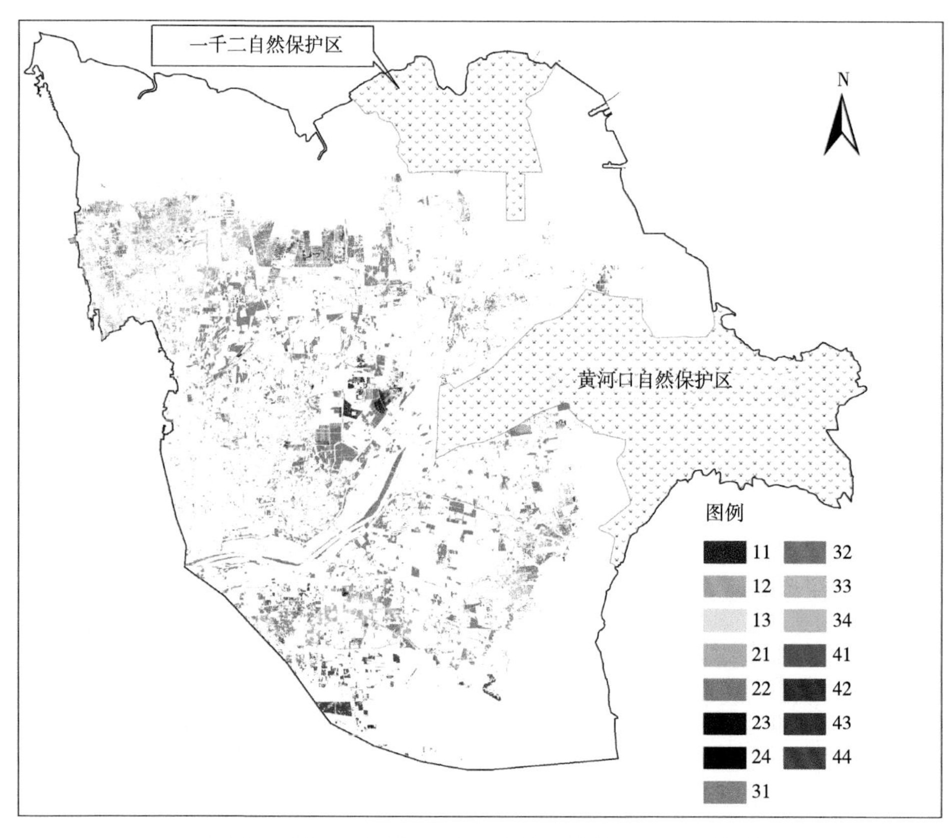

图6.4　后备土地资源宜农地和宜林牧地结果叠加结果

注：数字表示后备土地资源编号，十位数字代表宜农级别，个位数字代表宜林级别。下同。

表6.13　后备土地资源宜农地和宜林牧地叠加面积统计

编号	单元格/个	面积/km²	编号	单元格/个	面积/km²
11	12 403	11.16	32	116 363	104.73
12	3 103	2.79	33	88 882	79.99
13	1 738	1.56	34	270	0.24
21	15 739	14.17	41	19 083	17.17
22	1 175	1.06	42	8 570	7.71
23	971	0.87	43	11 884	10.7
24	34	0.03	44	778	0.7
31	213 969	192.57	总计	494 962	445.47

第3级宜农地与第1级和第2级宜林牧地交叉最多，另外第3级宜农地与第3级宜林牧地的交叉量达到79.99 km^2。所以在确定每个评价单元的最终适宜类型时，需要建立合理的规则或方法，使最终结果在类别分配和空间配置上都达到最优化。

6.6 适宜类型土地优化调整

6.6.1 优化调整方法和规则

对后备土地资源最终适宜性的评价，鉴于国家对耕地需求的增加和近年对于耕地的保护和开发所发布和实施的一系列政策措施，遵循以农用地为主的原则，根据在宜农和宜林牧2个方面的评估结果，设定以下规则。

其一，对于已经评价为一级宜农地的后备土地资源，无论其是否与宜林牧的各个级别存在空间交叉，在优化过程中都不做调整，均设置为第1级宜农用地。

其二，对于已经评价为第2级宜农地的后备土地资源，若其中有评价单元在宜林牧评价中属于第1级宜林牧地，则将两者的关联度大小进行对比，如果第2级宜农地的关联度较大，则设定为第2级宜农地，否则设置为第1级宜林牧地；无论第2级宜农用地与宜林牧的第2级、第3级和第4级是否存在空间交叉，都不做调整，均设置为第2级宜农用地。

其三，对于已经评价为第3级宜农地的后备土地资源，若其中有评价单元在宜林牧中属于第2级宜林牧地，则将两者的关联度大小进行对比，如果第3级宜农地的关联度较大，则设定为宜农用地，否则设置为第2级宜林牧地；无论第3级宜农用地与宜林牧的第3级和第4级是否存在空间交叉，都不做调整，均设置为第2级宜农用地；若其与第1级宜林牧地存在空间交叉，则

6.6.2 优化调整结果

按照以上在宜农和宜林地类型上对后备土地资源进行的适宜性调整规则，获取初始调整结果如图6.6和表6.14所示。

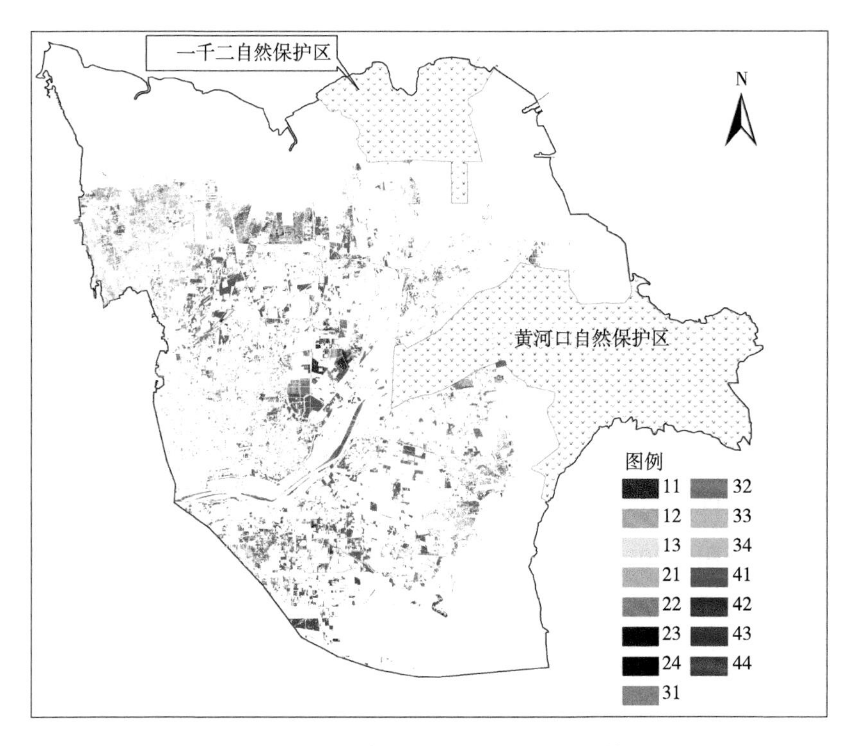

图6.6 后备土地资源适宜性初始优化调整结果

表6.14 后备土地资源适宜性初始优化调整结果统计

编号	单元格/个	面积/km²	编号	单元格/个	面积/km²
11	12 403	11.16	32	116 316	104.68
12	3 102	2.79	33	88 883	79.99
13	1 738	1.56	34	270	0.24
21	99	0.09	41	248 691	223.82
22	1 175	1.06	42	8 619	7.76
23	971	0.87	43	11 883	10.7

续表

编号	单元格/个	面积/km²	编号	单元格/个	面积/km²
24	34	0.03	44	778	0.7
31	0	0	总计	494 962	445.47

与调整前的各类型统计相比较看，5种类型发生了变化，其中面积变化最大的为41类土地，即第1级宜林牧地，面积增加了206.65 km²，其次是31类，即第3级宜农地与的第1级宜林牧地的重合区域，面积减少192.57 km²，全部被调整为其他类型，而21类，即第2级宜农地与第1级宜林牧地的重合区域，减少14.08 km²；其他2种稍有变化的是32类和42类，即第3级宜农地与第2级宜林牧地的重合区域和第2级宜林牧地。从面积变化的类型和大小上看，31类和21类减少的部分都被转移成了41类。按照适宜性调整规则，总的宜农地面积为202.49 km²，相应的宜林牧地面积为242.97 km²。

对上述初步调整后的结果在空间上做调整，经过多次邻域分析后，得到调整后的各类型空间分布和面积统计如图6.7和表6.15所示。

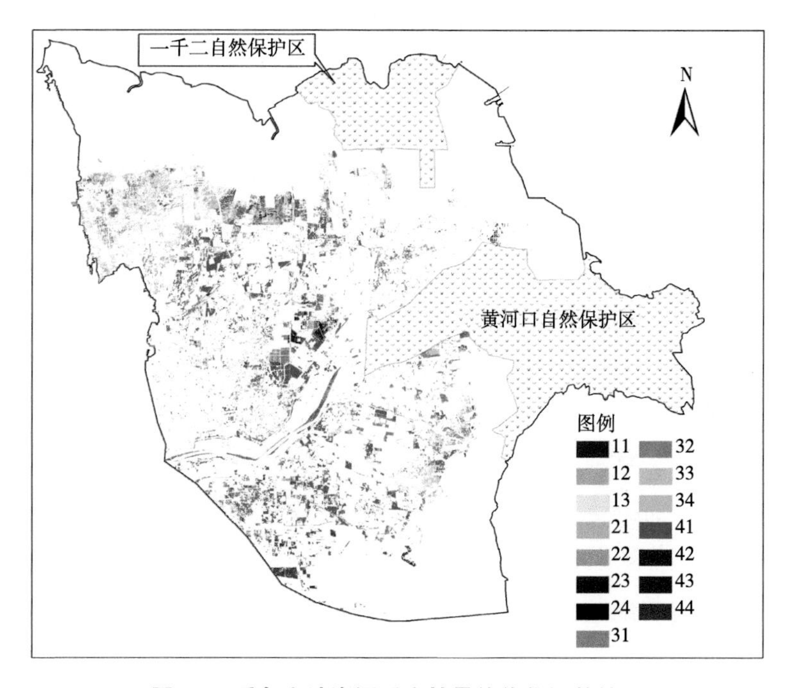

图6.7　后备土地资源适宜性最终优化调整结果

表6.15　后备土地资源适宜性最终优化调整结果统计

编号	单元格/个	面积/km^2	编号	单元格/个	面积/km^2
11	12 201	10.98	32	114 844	103.36
12	3 098	2.79	33	87 255	78.53
13	1 730	1.56	34	270	0.24
21	229	0.21	41	245 715	221.14
22	969	0.87	42	10 301	9.27
23	897	0.81	43	13 596	12.24
24	28	0.02	44	778	0.7
31	3 051	2.74	总计	494 962	445.47

与初始调整后的面积统计相比较，各类型的面积均有变化，但从面积数值上不太明显。以单元格数量作为比较来看，初始调整后完全被转换为宜林牧地的31类土地，即第3级宜农地与第1级宜林牧地的重叠区域，在经过空间调整后，又有3 051个评价单元恢复为宜农地类型，其他各类型也都有类似变化。经统计，最终调整后，宜农地总面积为202.11 km^2，其中第1级、第2级和第3级宜农地面积分别为15.33 km^2、1.91 km^{2}和184.88 km^2，第3级宜农地占总宜农地的91.47 %；宜林牧地总面积为243.76 km^2，其中第1级、第2级和第3级宜林牧地面积分别为221.14 km^2、9.27 km^{2}和12.24 km^2，第1级宜林牧地占总宜林牧地的91.14 %。

从空间上看，第1级宜林地面积分布最广，遍布于整个后备土地资源范围；第3级宜农地分布也较广，尤其在河口区西部和北部以及垦利东部地区分布较多；第1级宜农地的集中分布区域在黄河与刁口河相交处；其他级别的宜农和宜林牧地面积较少，分布范围也较小。

6.7 本章小结

本章根据第4章、第5章分别得到的黄河三角洲土壤质量评估结果和生态系统脆弱性评估结果，筛选出了后备土地资源总量，然后利用物元可拓模型对后备土地资源分别在宜农和宜林牧2个方面做了适宜性评价，并对2种结果通过关联度对比和邻域分析从实际类型和空间邻接2个方面做了调整，获取最终的后备土地资源适宜类型划定，具体结果如下所述。

首先，根据本研究对后备土地资源的定义，从解译后的黄河三角洲土地利用现状数据中提取后备土地资源作为初选；对其在土壤质量和生态系统脆弱性状况进行统计后发现，有一部分土地处于生态系统脆弱性较高的区域，同时在土壤质量评估结果中显示，有较多未被筛选为初选后备土地资源的农田和园地等的土壤质量较差；据此本章对后备土地资源的筛选过程设定了一定的规则，即将未被列为初选后备土地资源的3种土地类型（农用地、林地和园地）作为候补，一并列入后备土地资源中，然后经生态系统脆弱性统计后将处于脆弱性较高范围内的后备土地资源删去，最终结果作为本研究中的后备土地资源筛选总量。结果显示，最终选取的后备土地资源总面积为445.47 km^2，较初选时减少758.74 km^2，其中盐碱地减少最多为416.34 km^2，几乎达到最终选取的后备土地资源面积，其他还有草地等类型面积也有减小，筛选出的后备土地资源大部分分布于黄河以北。

其次，对最终选定的后备土地资源利用物元可拓性模型进行适宜性评价。从土壤、水文和地形地貌等方面选取12个指标，分别参照各指标级别划分标准，从宜农和宜林牧2个方面分别划分4个适宜性级别，完成了后备土地资源在2个适宜类型中的评价结果。统计结果显示，在宜农地评价中，第3级宜农地面积最大，占总面积的84.75 %，遍布于整个后备土地资源范围，第1级和第2级宜农地较少，第1级宜农地主要分布在黄河与刁口河交叉口西北侧，第2级宜农地主要分布在垦利周边，而第4级宜农地即不适宜耕作的土地主要集中分布于黄河三角洲南部；宜林牧地评价中，第1级宜林牧地面积最大为235.07 km^2，分布较为零散，遍布于整个后备土地资源范围，第3级宜林牧地主要分布于西北部，而第4级宜林牧地与第4级宜农地分布范围类似。

最后，对宜农和宜林牧地评价结果进行叠加，结果显示两者在各级别上均有交叉，第3级宜农地与第1级和第2级宜林牧地交叉最多，另外第3级宜农地域第3级宜林牧地的交叉量也达到79.99 km^2。据此，本章分别从各类型在各级别上的关联度和空间邻接状况方面设定了调整规则，对2种类型上的适宜性评价结果进行了整合和调整，使最终的后备土地资源适宜性结果达到最优化。结果显示，经调整后，宜农地总面积为202.11 km^2，其中第3级宜农地占总宜农地的91.47 %；宜林牧地总面积为242.65 km^2，其中第1级宜林牧地面积为221.14 km^2，占总宜林牧地的91.14 %；另有0.7 km^{2}的后备土地资源在2种用地类型上均不宜开发利用，第1级宜林地面积分布最广，遍布整个后备土地资源范围；第3级宜农地分布也较广，尤其在河口区西部和北部以及垦利东部地区分布较多。

7

结论与展望

7.1 结论与创新点

黄河三角洲是我国三大河口三角洲之一，经黄河多年冲积而成，在海、陆、河的相互作用下，形成了一个完整并独具特点的生态系统。黄河三角洲虽然形成时间短，但土地资源量及其开发潜力巨大。当前黄河三角洲高效生态经济区开发已上升为国家战略，如何科学合理地开发利用黄河三角洲后备土地资源是区域发展面临的迫切问题。目前，对后备土地资源评价定性研究多，定量研究少；理论研究多，方法研究少。本研究选取最小数据集理论、模糊逻辑模型、模糊层次分析法和物元可拓性模型等为研究方法，对黄河三角洲的土壤质量和生态系统脆弱性进行评价，在此基础上，对黄河三角洲后备土地资源进行量化识别，并对后备土地资源开发利用格局进行了空间优化。

7.1.1 主要研究结论

7.1.1.1 黄河三角洲土地利用格局

以2007年全国第二次土地调查数据为基础，以2014年和2013年我国的高分1号卫星影像数据为参照，建立了19种土地利用组成的分类体系，通过获取每种类型的解译标志，利用人工目视解译的方法获取黄河三角洲的土地利用现状，经野外验证点检验，解译精度达到88.68 %，满足研究要求。

解译结果显示，黄河三角洲农田面积最大为1 114.71 km^2，分布较为广阔，尤其是黄河与刁口河交叉处周边，农田占比较高；其次是盐碱地，总面积达到914.45 km^2，整个黄河三角洲内均有分布，较为集中的区域有孤东油田及其西部区域、孤北水库以北大部分区域、河口区东北和西北部以及刁口河入海处西侧等；其他类型（如盐田、养殖、坑塘水面和沟渠等人工湿地）都有较大面积的分布，沟渠主要分布于农田，纵横交错，较为密集，盐田和养殖则主要分布在沿海地带，尤其是刁口河以西和黄河以南的沿海区域，黄河三角洲草地和林地面积较少，分布集中，以黄河口自然保护区和一千二自然保护区为最多。

7.1.1.2 黄河三角洲土壤质量评估

对黄河三角洲进行的土壤质量评估分成几个主要过程，包括评估要素体系的建立、各指标的空间化处理以及土壤质量的综合评估。

利用最小数据集理论对预选的9个土壤物理和化学要素进行了筛选，筛选过程中同时将土壤类型和土地利用状况对各土壤要素的影响作为标准依据，较以往相关研究的方法更为合理，最终筛选出6个土壤要素，包括TN、AP、AK、SOM、土壤含盐量和土壤pH值。对黄河三角洲土壤质量的综合评价选用了模糊逻辑模型，通过划定各要素在土壤质量评估中的适宜范围，利用模糊理论，获取了各评价单元的土壤质量等级。

研究表明，黄河三角洲土壤质量等级具有较强的空间分布规律，中西部等级高，土壤质量相对更好，而东部和北部则主要是第5级和第6级土壤，总的来说土壤质量从沿海向内陆逐渐增高，与野外实地调查的情况相近，可信度高；最终统计显示，各土壤等级面积的比例依次为2.8 %、16.27 %、31.38 %、19.47 %、14.03 %和16.06 %，其中第3级土壤的面积占比最大，除东部和西北部沿海外，遍布于黄河三角洲其他区域，园地的土壤质量平均值最高，沿海滩涂最低；第1级土壤最少，在刁口河与黄河交界处有少量分布，另外是在黄河三角洲西部河口区和利津县交界处。

7.1.1.3 黄河三角洲生态系统脆弱性评估

对黄河三角洲生态系统脆弱性的评估中，将常用的层次分析法与模糊理论相结合构建了模糊层次分析法，使得指标体系建立和指标权值设定过程更具客观性。在综合评估中采用模糊逻辑模型，使整个研究更具系统化，提高了整体评价效率。

在生态系统脆弱性综合评价中，选用了与土壤质量综合评估相同的方法，即模糊逻辑方法，这与指标体系建立和权重设定也相一致。利用模糊逻辑模型获取各指标的生态系统脆弱性隶属度，再结合所得到的各指标权重，采用加权求和方法获取黄河三角洲的综合生态系统脆弱性隶属度空间分布状况，并按照自然断点法进行分级，得到最终的生态系统脆弱性级别空间分布。结果显示，黄河三角洲重度脆弱区分布范围最广，面积达到1 113.25 km^2，占总面积的22.03 %，相对来说黄河三角洲北部沿海更多；其次是极度脆弱区，面积为952.85 km^2，该区域分布更靠近海岸线；中度、轻度、微度和不脆弱区被极度脆弱区和重度脆弱区包围，不脆弱区面积最小为464.17 km^2。从主要的土地利用类型看，农田主要分布在前3个脆弱性级别，以微度脆弱区面积最大为405.06 km^2，其次是不脆弱区和轻度脆弱区；盐碱地除了第1级别，在其他区域的面积分布较为均匀，轻度脆弱区和中度脆弱区面积基本相等，重度脆弱区面积最大为290.1 km^2，沿海滩涂基本上都属于极度脆弱类型。

7.1.1.4 黄河三角洲后备土地资源适宜性评价

对黄河三角洲后备土地资源的评价中，首先结合后备土地资源定义进行初步筛选，然后再结合土壤质量评估和生态系统脆弱性评估结果，建立后备土地资源终选规则，即一方面以土壤质量较差的农田、林地和园地作为后备土地资源的补充，土壤质量较差的范围是四级及以上的土壤，即第4级、第5级和第6级；另一方面将脆弱性高的区域删去，将生态系统脆弱性级别大于第4级的作为脆弱性较差的范围，即保留第1级、第2级和第3级。筛选结果显示，最终选取的后备土地资源总面积为445.47 km^2，较初选时减少758.74 km^2，其中盐碱地减少最多为416.34 km^2，几乎达到最终选取的后备土地资源面积，其他还有草地等类型面积也有减小；从空间分布上看，筛选出的后备土地资源分布均远离海岸线，并且大部分分布于黄河以北，外围大量的盐碱地和沿海滩涂都未被包含。

对筛选的后备土地资源利用物元可拓模型进行适宜性评价，共选取了12

其三，对后备土地资源进行适宜性调整过程中，基本上是基于后备土地资源自身的适宜性评价结果进行的，与后备土地资源原有的土地类型以及其周边的土地利用类型缺少互动，仅考虑了后备土地资源本身的空间优化配置，与周边土地利用是否也达到了空间上的协调还需要进一步验证，在以后的研究中要着重从方法上做改进。

主要参考文献

艾合买提·吾买尔，海米提·依米提，赛迪古丽·哈西木，等，2010. 于田绿洲脆弱生态环境成因及生态脆弱性评价. 干旱区资源与环境，24（5）：74-79.

蔡崇法，丁树文，史志华，等，2000. GIS支持下乡镇域土壤肥力评价与分析. 土壤与环境（2）：99-102.

蔡海生，张学玲，周丙娟，2009. 生态环境脆弱性动态评价的理论与方法. 中国水土保持（2）：18-22.

蔡文，1999. 可拓论及其应用. 科学通报（7）：673-682.

曹筱杨，2013. 滇西南地区后备土地资源适宜性评价及在耕地“占补平衡”中的应用研究. 昆明：云南财经大学.

常军，刘高焕，刘庆生，2004. 黄河三角洲海岸线遥感动态监测. 地球信息科学，6（1）：94-98.

陈百明，2002. 区域土地可持续利用指标体系框架的构建与评价. 地理科学进展（3）：204-215.

陈健飞，刘卫民，1999. Fuzzy综合评判在土地适宜性评价中的应用. 资源科学（4）：74-77.

陈秋计，刘昌华，谢宏全，等，2006. 可拓方法在矿区土地复垦中的应用研究. 辽宁工程技术大学学报（2）：304-307.

陈沈良，谷国传，吴桑云，2007. 黄河三角洲风暴潮灾害及其防御对策. 地理与地理信息科学（3）：100-104.

陈晓，塔西甫拉提·特依拜，2007. 塔里木河下游生态脆弱性评价. 生态经济（10）：140-143.

崔利芳，王宁，葛振鸣，等，2014. 海平面上升影响下长江口滨海湿地脆弱性评价. 应用生态学报，25（2）：553-561.
单奇华，张建锋，唐华军，等，2012. 质量指数法表征不同处理模式对滨海盐碱地土壤质量的影响. 土壤学报，49（6）：1095-1103.
傅伯杰，1990. 土地潜力评价的类型与方法. 国土与自然资源研究（2）：29-32.
傅伯杰，陈利顶，马诚，1997. 土地可持续利用评价的指标体系与方法. 自然资源学报（2）：17-23.
傅新，刘高焕，黄翀，等，2011. 人工堤坝影响下的黄河三角洲海岸带生态特征分析. 地球信息科学学报，13（6）：797-803.
贡璐，张雪妮，冉启洋，2015. 基于最小数据集的塔里木河上游绿洲土壤质量评价. 土壤学报，52（3）：682-689.
关元秀，刘高焕，刘庆生，等，2001. 黄河三角洲盐碱地遥感调查研究. 遥感学报（1）：46-52.
郭晋平，李文荣，王惠恭，等，1997. 黄土高原土地宜林性评价及土地利用规划方法的研究：以隰县试区为例. 自然资源（1）：35-40.
何雪，杨晶，2014. 基于适宜性评价的土地开发重点区域选择研究：以鞍山市县域地区为例. 农业科技与装备（2）：14-16.
贺言言，孙世国，2014. 基于物元可拓模型边坡稳定性综合评价. 煤矿安全，45（3）：206-208.
侯西勇，岳燕珍，于贵瑞，等，2007. 基于GIS的华北-辽南土地潜力区土地适宜性评价. 资源科学（4）：201-207.
黄淑芳，2002. 主成分分析及MAPINFO在生态环境脆弱性评价中的应用. 福建地理（1）：47-49.
冷疏影，刘燕华，1999. 中国脆弱生态区可持续发展指标体系框架设计. 中国人口·资源与环境（2）：42-47.
李桂林，陈杰，孙志英，等，2007. 基于土壤特征和土地利用变化的土壤质量评价最小数据集确定. 生态学报（7）：2715-2724.
李桂林，陈杰，檀满枝，等，2008. 基于土地利用变化建立土壤质量评价最小数据集. 土壤学报（1）：16-25.

李桂荣，2008. GIS技术支持下的县域后备土地资源评价与开发战略研究. 乌鲁木齐：新疆大学.

李明悦，2005. 近20年来大同市土壤肥力质量的时空演化分析. 北京：中国农业大学.

李莎莎，孟宪伟，葛振鸣，等，2014. 海平面上升影响下广西钦州湾红树林脆弱性评价. 生态学报，34（10）：2702-2711.

李振，2011. 基于GIS的黄河三角洲农业用地适宜性评价. 黑龙江科技信息（8）：3.

刘东霞，卢欣石，2008. 呼伦贝尔草原生态环境脆弱性评价. 中国农业大学学报（5）：48-54.

刘金山，胡承孝，孙学成，等，2012. 基于最小数据集和模糊数学法的水旱轮作区土壤肥力质量评价. 土壤通报，43（5）：1145-1150.

刘庆生，刘高焕，黄翀，等，2016. 现代黄河三角洲类圆形植被斑块时空动态遥感分析. 遥感技术与应用，31（2）：349-358.

刘焱序，彭建，韩忆楠，等，2014. 基于OWA的低丘缓坡建设开发适宜性评价：以云南大理白族自治州为例. 生态学报，34（12）：3188-3197.

刘占锋，傅伯杰，刘国华，等，2006. 土壤质量与土壤质量指标及其评价. 生态学报（3）：901-913.

刘振乾，刘红玉，吕宪国，2001. 三江平原湿地生态脆弱性研究. 应用生态学报（2）：241-244.

马媛，龚新梅，塔西甫拉提·特依拜，等，2006. 干旱区典型流域土壤肥力空间变异特征. 生态学杂志（10）：1208-1213.

孟林，2000. 草地资源生产适宜性评价技术体系. 草业学报（4）：1-12.

孟猛，倪健，张治国，2004. 地理生态学的干燥度指数及其应用评述. 植物生态学报（6）：853-861.

牛海鹏，王同文，傅建春，2003. 回归分析法在土地定级因素分析权重确定中的应用. 焦作工学院学报（自然科学版）（2）：103-105.

牛文元，1989. 生态环境脆弱带ECOTONE的基础判定. 生态学报（2）：97-105.

潘竟虎，冯兆东，2008. 基于熵权物元可拓模型的黑河中游生态环境脆弱性评价. 生态与农村环境学报（1）：1-4.

庞悦，2014. 基于GIS低丘缓坡土地资源开发利用评价研究. 北京：中国地质大学.

乔青，2007a. 川滇农牧交错带景观格局与生态脆弱性评价. 北京：北京林业大学.

乔青，高吉喜，王维，等，2007b. 川滇农牧交错带土地利用动态变化及其生态环境效应. 水土保持研究（6）：341-344.

乔青，高吉喜，王维，等，2008. 生态脆弱性综合评价方法与应用. 环境科学研究（5）：117-123.

瞿华蓥，2009. 基于GIS的耕地后备资源适宜性调查评价与研究. 昆明：昆明理工大学.

瞿明凯，李卫东，张传荣，等，2014. 地理加权回归及其在土壤和环境科学上的应用前景. 土壤，46（1）：15-22.

石青，陆兆华，梁震，等，2007. 神东矿区生态环境脆弱性评估. 中国水土保持（8）：24-26.

石竹筠，1992. 我国后备土地资源的潜力. 中国科学院院刊（3）：223-228.

苏海民，何爱霞，2010. 基于RS和地统计学的福州市土地利用分析. 自然资源学报，25（1）：91-99.

覃文忠，2007. 地理加权回归基本理论与应用研究. 上海：同济大学.

唐棠，2014. 基于物元可拓模型的农村土地综合整治可行性评价研究. 北京：中国地质大学.

陶希东，赵鸿婕，2002. 河西走廊生态脆弱性评价及其恢复与重建. 干旱区研究（4）：7-12.

田娜，2009. 黄河三角洲地区滩涂资源开发与利用的适宜性评价. 兰州：西北师范大学.

万存绪，张效勇，1991. 模糊数学在土壤质量评价中的应用. 应用科学学报（4）：359-365.

万星，周建中，丁晶，等，2006. 岷江上游生态脆弱性综合评价的集对分析.

中国农村水利水电（12）：33-35.
王博文，潘华，岳中辉，等，2009. 不同盐碱化程度草地土壤肥力质量的季节动态特征. 东北林业大学学报，37（4）：22-26.
王恒振，2014. 基于遥感和GIS的滨海盐渍土区耕地质量评价研究. 泰安：山东农业大学.
王建国，杨林章，单艳红，2001. 模糊数学在土壤质量评价中的应用研究. 土壤学报（2）：176-183.
王介勇，2005. 黄河三角洲生态环境脆弱性及其土地利用效应. 泰安：山东农业大学.
王经民，汪有科，1996. 黄土高原生态环境脆弱性计算方法探讨. 水土保持通报（3）：32-36.
王莉莉，2011. 黄河三角洲耕地后备资源评价与开发利用研究. 泰安：山东农业大学.
王莉莉，2013. 黄河三角洲耕地后备资源评价与开发利用研究. 泰安：山东农业大学.
王让会，樊自立，2001. 干旱区内陆河流域生态脆弱性评价：以新疆塔里木河流域为例. 生态学杂志（3）：63-68.
韦仕川，刘勇，栾乔林，等，2013a. 基于生态安全的黄河三角洲未利用地开垦潜力评价. 农业工程学报，29（22）：244-251.
韦仕川，吴次芳，杨杨，2013b. 黄河三角洲未利用地适宜性评价的资源开发模式：以山东省东营市为例. 中国土地科学，27（1）：55-60.
卫三平，李树怀，卫正新，等，2002. 晋西黄土丘陵沟壑区刺槐林适宜性评价. 水土保持学报（6）：103-106.
魏海，秦博，彭建，等，2014. 基于GRNN模型与邻域计算的低丘缓坡综合开发适宜性评价：以乌蒙山集中连片特殊困难片区为例. 地理研究，33（5）：831-841.
吴春生，黄翀，刘高焕，等，2015. 基于遥感的环渤海地区海岸线变化及驱动力分析. 海洋开发与管理，32（5）：30-36.
吴春生，黄翀，刘高焕，等，2016a. 黄河三角洲土壤含盐量空间预测方法

农业大学.
张贞，魏朝富，高明，等，2006. 土壤质量评价方法进展. 土壤通报（5）：999-1006.
张志鹏，2014. 黄河三角洲未利用地开发模式和创新管理研究. 泰安：山东农业大学.
赵哈林，赵学勇，张铜会，等，2002. 北方农牧交错带的地理界定及其生态问题. 地球科学进展（5）：739-747.
郑昭佩，刘作新，2003. 土壤质量及其评价. 应用生态学报（1）：131-134.
周春芳，2004. 北京市后备土地资源宜耕评价指标体系研究. 北京：中国农业大学.
周毅军，陈文惠，张永贺，2014. 基于GIS技术的厦门市建设用地生态适宜性评价. 亚热带资源与环境学报，9（1）：68-74.
朱德举，卢艳霞，刘丽，2002. 土地开发整理与耕地质量管理. 农业工程学报（4）：167-171.
ARETANO R，SEMERARO T，PETROSILLO I，et al.，2015. Mapping ecological vulnerability to fire for effective conservation management of natural protected areas. Ecological modelling，295：163-175.
BAJA S，CHAPMAN D M，DRAGOVICH D，2002. A conceptual model for defining and assessing land management units using a fuzzy modeling approach in GIS environment. Environmental management，29（5）：647-661.
BOEHM M M，ANDERSON D W，1997. A landscape-scale study of soil quality in three prairie farming systems. Soil science society of America journal，61（4）：1147-1159.
BOGUNOVIC I，MESIC M，ZGORELEC Z，et al.，2014. Spatial variation of soil nutrients on sandy-loam soil. Soil & tillage research，144：174-183.
BOUMAN B A M，JANSEN H G P，SCHIPPER R A，et al.，1999. A framework for integrated biophysical and economic land use analysis at different scales. Agriculture ecosystems & environment，75（1-2）：55-73.

BRUNSDON C, FOTHERINGHAM S, CHARLTON M, 1998. Geographically weighted regression-modelling spatial non-stationarity. Journal of the royal statistical society series d-the statistician, 47: 431-443.

CALDER A J, BURTON A M, MILLER P, et al., 2001. A principal component analysis of facial expressions. Vision research, 41（9）: 1179-1208.

CHANG D Y, 1996. Applications of the extent analysis method on fuzzy AHP. European journal of operational research, 95（3）: 649-655.

CHATTERJEE K, BANDYOPADHYAY A, GHOSH A, et al., 2015. Assessment of environmental factors causing wetland degradation, using fuzzy analytic network process: A case study on Keoladeo national park, India. Ecological modelling, 316: 1-13.

CHEN W, CUTTER S L, EMRICH C T, et al., 2013a. Measuring social vulnerability to natural hazards in the Yangtze river delta region, China. International journal of disaster risk science, 4（4）: 169-181.

CHEN Y D, WANG H Y, ZHOU J M, et al., 2013b. Minimum data set for assessing soil quality in farmland of Northeast China. Pedosphere, 23（5）: 564-576.

CONRY M J, CLINCH P, 1989. The effect of soil quality on the yield class of a range of forest species grown on the slieve bloom mountain and foothills. Forestry, 62（4）: 397-407.

CUTTER S L, MITCHELL J T, SCOTT M S, 2000. Revealing the vulnerability of people and places: A case study of Georgetown county, South Carolina. Annals of the association of american geographers, 90（4）: 713-737.

DAI F, ZHOU Q, LV Z, et al., 2014. Spatial prediction of soil organic matter content integrating artificial neural network and ordinary kriging in Tibetan Plateau. Ecological indicators, 45: 184-194.

DENG H P, 1999. Multicriteria analysis with fuzzy pairwise comparison.

International journal of approximate reasoning，21（3）：215-231.

EMADI M，BAGHERNEJAD M，2014. Comparison of spatial interpolation techniques for mapping soil pH and salinity in agricultural coastal areas, northern Iran. Archives of agronomy and soil science，60（9）：1315-1327.

ESPERON-RODRIGUEZ M，BARRADAS V L，2015. Comparing environmental vulnerability in the montane cloud forest of eastern Mexico：A vulnerability index. Ecological indicators，52：300-310.

FAN X，PEDROLI B，LIU G，et al.，2012. Soil salinity development in the yellow river delta in relation to groundwater dynamics. Land degradation & development，23（2）：175-189.

FATORIC S，CHELLERI L，2012. Vulnerability to the effects of climate change and adaptation：The case of the Spanish ebro delta. Ocean & coastal management，60：1-10.

FOTHERINGHAM A S，CHARLTON M，BRUNSDON C，1996. The geography of parameter space：An investigation of spatial non-stationarity. International journal of geographical information systems，10（5）：605-627.

FRIGERIO I，AMICIS M D，2016. Mapping social vulnerability to natural hazards in Italy：A suitable tool for risk mitigation strategies. Environmental science & policy，63：187-196.

FRIHY O E，EL-SAYED M K，2013. Vulnerability risk assessment and adaptation to climate change induced sea level rise along the mediterranean coast of Egypt. Mitigation and adaptation strategies for global change，18（8）：1215-1237.

FU B J，LIU S L，LU Y H，et al.，2003. Comparing the soil quality changes of different land uses determined by two quantitative methods. Journal of environmental sciences China，15（2）：167-172.

GUO B，ZHOU Y，ZHU J，et al.，2016. Spatial patterns of ecosystem vulnerability changes during 2001–2011 in the three-river source region of the Qinghai-Tibetan Plateau, China. Journal of arid land, 8（1）: 23-35.

HAN B, LIU H, WANG R, 2015. Urban ecological security assessment for cities in the Beijing-Tianjin-Hebei metropolitan region based on fuzzy and entropy methods. Ecological modelling, 318: 217-225.

HANG X, WANG H, ZHOU J, et al., 2009. Risk assessment of potentially toxic element pollution in soils and rice（*Oryza sativa*）in a typical area of the Yangtze river delta. Environmental pollution, 157(8-9): 2542-2549.

HENGL T, HEUVELINK G B M, ROSSITER D G, 2007. About regression-kriging: From equations to case studies. Computers & geosciences, 33（10）: 1301-1315.

HOOD A, CECHET B, HOSSAIN H, et al., 2006. Options for victorian agriculture in a "new" climate: Pilot study linking climate change and land suitability modelling. Environmental modelling & software, 21（9）: 1280-1289.

HOU K, LI X, ZHANG J, 2015. GIS analysis of changes in ecological vulnerability using a spca model in the loess plateau of northern Shaanxi, China. International journal of environmental research and public health, 12（4）: 4292-4305.

HOU W, JIANG C, XIONG Q, et al., 2003. Evaluation of soil quality based on GIS. Geomatics and information science of Wuhan university, 28（1）: 60-64.

IPPOLITO A, SALA S, FABER J H, et al., 2010. Ecological vulnerability analysis: A river basin case study. Science of the total environment, 408（18）: 3880-3890.

JANSSEN M A, SCHOON M L, KE W, et al., 2006. Scholarly networks on resilience, vulnerability and adaptation within the human dimensions of global environmental change. Global environmental change-human and policy dimensions, 16（3）: 240-252.

JOERIN F, THERIAULT M, MUSY A, 2001. Using GIS and outranking multicriteria analysis for landuse suitability assessment. International journal of geographical information science，15（2）：153-174.

JOSS B N，HALL R J，SIDDERS D M，et al.，2008. Fuzzy logic modeling of land suitability for hybrid poplar across the prairie provinces of Canada. Environmental monitoring and assessment，141（1-3）：79-96.

KARLEN D L，DITZLER C A，ANDREWS S S，2003. Soil quality：why and how. Geoderma，114（3-4）：145-156.

KARLEN D L，MAUSBACH M J，DORAN J W，et al.，1997. Soil quality：A concept，definition，and framework for evaluation. Soil science society of america journal，61（1）：4-10.

KIRKBY M L B，COULTHARD T J，DAROUSSIN J，et al.，2000. The development of land quality indicators for soil degradation by water erosion. Agriculture ecosystems & environment，81（2）：125-136.

KUENZER C，VAN BEIJMA S，GESSNER U，et al.，2014. Land surface dynamics and environmental challenges of the Niger delta，Africa：Remote sensing-based analyses spanning three decades（1986–2013）. Applied geography，53：354-368.

LETSIE M M，GRAB S W，2015. Assessment of social vulnerability to natural hazards in the mountain kingdom of lesotho. Mountain research and development，35（2）：115-125.

LI B，ZHANG F，ZHANG L W，et al.，2012. Comprehensive suitability evaluation of tea crops using GIS and a modified land ecological suitability evaluation model. Pedosphere，22（1）：122-130.

LI H Y，SHI Z，WEBSTER R，et al.，2013. Mapping the three-dimensional variation of soil salinity in a rice-paddy soil. Geoderma，195：31-41.

LI L，SHI Z H，YIN W，et al.，2009. A fuzzy analytic hierarchy process（FAHP）approach to eco-environmental vulnerability assessment for the danjiangkou reservoir area，China. Ecological modelling，220（23）：3439-3447.

LIU R, CHEN Y, SUN C, et al., 2014. Uncertainty analysis of total phosphorus spatial-temporal variations in the Yangtze river estuary using different interpolation methods. Marine pollution bulletin, 86（1-2）: 68-75.

LIU Y, JIAO L, LIU Y, et al., 2013. A self adapting fuzzy inference system for the evaluation of agricultural land. Environmental modelling & software, 40: 226-234.

LV Z Z, LIU G M, YANG J S, et al., 2013. Spatial variability of soil salinity in Bohai sea coastal wetlands, China: Partition into four management zones. Plant biosystems, 147（4）: 1201-1210.

MISHRA U, RILEY W J, 2012. Alaskan soil carbon stocks: spatial variability and dependence on environmental factors. Biogeosciences, 9（9）: 3637-3645.

MURAGE E W, KARANJA N K, SMITHSON P C, et al., 2000. Diagnostic indicators of soil quality in productive and non-productive smallholders' fields of Kenya's central highlands. Agriculture ecosystems & environment, 79（1）: 1-8.

OWOADE O K, AWOTOYE O O, SALAMI O O, 2014. Ecological vulnerability: seasonal and spatial assessment of trace metals in soils and plants in the vicinity of a scrap metal recycling factory in southwestern Nigeria. Environmental monitoring and assessment, 186（10）: 6879-6888.

PANDEY R, BARDSLEY D K, 2015. Social-ecological vulnerability to climate change in the Nepali Himalaya. Applied geography, 64: 74-86.

PAVLICKOVA K, VYSKUPOVA M, 2015. A method proposal for cumulative environmental impact assessment based on the landscape vulnerability evaluation. Environmental impact assessment review, 50: 74-84.

PEI H, FANG S, LIN L, et al., 2015. Methods and applications for ecological vulnerability evaluation in a hyper-arid oasis: a case study of the Turpan oasis, China. Environmental earth sciences, 74（2）: 1449-1461.

PELTO C R, ELKINS T A, BOYD H A, 1968. Automatic contouring of irregularly spaced data. Geophysics, 33（3）: 424.

PETROSILLO I, ZACCARELLI N, ZURLINI G, 2010. Multi-scale vulnerability of natural capital in a panarchy of social-ecological landscapes. Ecological complexity, 7（3）: 359-367.

RAHMANIPOUR F, MARZAIOLI R, BAHRAMI H A, et al., 2014. Assessment of soil quality indices in agricultural lands of Qazvin province, Iran. Ecological indicators, 40: 19-26.

RESHMIDEVI T V, ELDHO T I, JANA R, 2009. A GIS integrated fuzzy rule based inference system for land suitability evaluation in agricultural watersheds. Agricultural systems, 101（1-2）: 101-109.

REZAEI S A, GILKES R J, ANDREWS S S, 2006. A minimum data set for assessing soil quality in rangelands. Geoderma, 136（1-2）: 229-234.

SCHAUBROECK T, STAELENS J, VERHEYEN K, et al., 2012. Improved ecological network analysis for environmental sustainability assessment: a case study on a forest ecosystem. Ecological modelling, 247: 144-156.

SHAHBEIK S, AFZAL P, MOAREFVAND P, et al., 2014. Comparison between ordinary kriging（OK）and inverse distance weighted（IDW）based on estimation error. Case study: Dardevey iron ore deposit, NE Iran. Arabian journal of geosciences, 7（9）: 3693-3704.

SHAO L, WU Z, ZENG L, et al., 2013. Embodied energy assessment for ecological wastewater treatment by a constructed wetland. Ecological modelling, 252: 63-71.

SMITH A M S, KOLDEN C A, TINKHAM W T, et al., 2014. Remote sensing the vulnerability of vegetation in natural terrestrial ecosystems. Remote sensing of environment, 154: 322-337.

SONG G, ZHANG J, WANG K, 2014. Selection of optimal auxiliary soil nutrient variables for cokriging interpolation. Plos one, 9（6）: 1-7.

STEINBORN W, SVIREZHEV Y, 2000. Entropy as an indicator of

sustainability in agro-ecosystems: North Germany case study. Ecological modelling, 133 (3) : 247-257.

STEINER F, MCSHERRY L, COHEN J, 2000. Land suitability analysis for the upper Gila river watershed. Landscape and urban planning, 50 (4) : 199-214.

SU Y, ZHAO H, 2003. Effects of land use and management on soil quality of Heerqin sandy land. Yingyong shengtai Xuebao, 14 (10) : 1681-1686.

TISDELL C, 1996. Economic indicators to assess the sustainability of conservation farming projects: An evaluation. Agriculture ecosystems & environment, 57 (2-3) : 117-131.

TRAN L T, KNIGHT C G, O'NEILL R V, et al., 2002. Fuzzy decision analysis for integrated environmental vulnerability assessment of the Mid-Atlantic region. Environmental management, 29 (6) : 845-859.

VANLANEN H A J, VANDIEPEN C A, REINDS G J, et al., 1992. Physical land evaluation methods and gis to explore the crop growth-potential and its effects within the European communities. Agricultural systems, 39 (3) : 307-328.

VERMAAT J E, ELEVELD M A, 2013. Divergent options to cope with vulnerability in subsiding deltas. Climatic change, 117 (1-2) : 31-39.

VOLCHKO Y, NORRMAN J, ROSèN L, et al., 2014. A minimum data set for evaluating the ecological soil functions in remediation projects. Journal of soils and sediments, 14 (11) : 1850-1860.

WANG K, ZHANG C, LI W, 2013. Predictive mapping of soil total nitrogen at a regional scale: A comparison between geographically weighted regression and cokriging. Applied geography, 42: 73-85.

WANG K, ZHANG C R, LI W D, et al., 2014. Mapping soil organic matter with limited sample data using geographically weighted regression. Journal of spatial science, 59 (1) : 91-106.

WANG M Z, AMATI M, THOMALLA F, 2012. Understanding the

vulnerability of migrants in Shanghai to typhoons. Natural hazards, 60（3）: 1189-1210.

WANG Y M, LUO Y, HUA Z, 2007. On the extent analysis method for fuzzy AHP and its applications. European journal of operational research, 186（2）: 735-747.

WANG Z, CHANG A C, WU L, et al., 2003. Assessing the soil quality of long-term reclaimed wastewater-irrigated cropland. Geoderma, 114（3-4）: 261-278.

WOLTERS M L, KUENZER C, 2015. Vulnerability assessments of coastal river deltas: categorization and review. Journal of coastal conservation, 19（3）: 345-368.

WOLTERS M L, SUN Z, HUANG C, et al., 2016. Environmental awareness and vulnerability in the Yellow river delta: Results based on a comprehensive household survey. Ocean & coastal management, 120: 1-10.

XIAO-MEI F A N, GAO-HUAN L I U, ZHI-PENG T, et al., 2010. Analysis on main contributors influencing soil salinization of Yellow river delta. Journal of soil and water conservation, 24（1）: 139-144.

YANG L, HUANG C, LIU G H, et al., 2015. Mapping soil salinity using a similarity-based prediction approach: A case study in Yellow river delta, China. Chinese geographical science, 25（3）: 283-294.

YANG Z, YU T, HOU Q, et al., 2014b. Geochemical evaluation of land quality in China and its applications. Journal of geochemical exploration, 139: 122-135.

YAO R J, YANG J S, GAO P, et al., 2013. Determining minimum data set for soil quality assessment of typical salt-affected farmland in the coastal reclamation area. Soil & tillage research, 128: 137-148.

ZHANG C, TANG Y, XU X, et al., 2011. Towards spatial geochemical modelling: Use of geographically weighted regression for mapping soil organic carbon contents in Ireland. Applied geochemistry，26（7）：1239-1248.

ZHENG H，SHEN G，HE X，et al.，2015. Spatial assessment of vegetation vulnerability to accumulated drought in northeast China. Regional environmental change，15（8）：1639-1650.